KB236120

하루
10분
엄마표
지능코칭

하루
10분
엄마표
지능코칭

초판 1쇄 인쇄 2014년 3월 15일
초판 1쇄 발행 2014년 3월 20일

지은이 클레어 고든·린 허긴스-쿠퍼
옮긴이 조진경

책임편집 유명화
책임디자인 유영준

펴낸이 이상순
주　간 서인찬
편집장 박윤주
기획편집 김초희, 주리아, 김설아
디자인 최성경
마케팅 홍보 김미숙, 이상광, 권장규, 박성신, 박순주

펴낸곳 (주)도서출판 아름다운사람들
주소 (413-756) 경기도 파주시 회동길 103
대표전화 031-955-1001　**팩스** 031-955-1083
이메일 books777@naver.com
홈페이지 www.books114.net

하루 10분 엄마표 지능코칭

클레어 고든·린 허긴스-쿠퍼 지음

조진경 옮김

아이는
다양한 방면에서 모두 똑똑하다!

부모는 아이에게 어떤 재능이 있는지 알아내 아이가 그 재능을 발휘할 수 있게 해주고 싶어 합니다. 또 어떤 특정 학습 스타일이 아이의 학습에 도움이 되는지 알고 싶어 합니다. 그런데 지능은 쉽게 발견할 수 있을 것 같지만 의외로 찾아내기 어렵습니다.

이럴 때 학교는 지능 검사를 이용합니다. 바로 IQ(지능지수)입니다. 1980년대까지만 해도 지능은 오직 한 종류이고 그 지능의 수준은 태어나면서부터 죽을 때까지 변하지 않는다는 생각이 일반적이었습니다. 그러나 1983년에 하버드 대학교의 교육학 교수 하워드 가드너Howard Gardner는 지능을 IQ 점수 하나로만 설명하던 당시의 견해를 뒤집었습니다. 사람에게는 학술적인 지능 외에도 얼마든지 더 많은 지능이 있으며 다양한 방면에서 모두 똑똑하다는 것입니다. 이 이론은 피아노 연주자나 올림픽 출전 선수들처럼 전통적인 지능의 틀 밖에서도 성공하는 사람이 많다는 사실을 잘 설명해주었지요.

부모 대부분은 많이 듣고 봐서 논리-수학적 지능과 언어지능은 알아채기 쉬운데, 이 외의 지능에 대해서는 난감할 겁니다. 아이가 지능을 표출하는 방식이 워낙 다양해 아이의 천재적 지능을 찾아낸다거나 가려내기가 막막합니다.

이 책은 아이들의 지능 검사 방법을 연구하고 개발하는 전문가와 현장 경험이 풍부한 초등학교 교사가 만든 특별한 지능 검사법을 통해 아이의 지능 신호를 포착하는 방법을 알려줍니다. 다양한 지능을 평가하고 부족한 지능은 보완하도록 고안한 핵심 지능 테스트와 지능코칭 활동은 아이들이 즐겁게 할 만한 방식을 적용하여 부모가 아이를 이끌어주기가 수월합니다.

편협하게 한두 가지 지능에 국한되지 않고 아이에게 내재된 다양한 지능을 발달시킨다면 아이들은 여러 가지 강점을 잘 활용하여 자신의 잠재력을 최대한 발휘하고, 학교뿐만 아니라 나중에 어른이 되어서도 성공적인 삶을 살 수 있을 것입니다. 여기에 부모의 제대로 된 격려와 지도를 받는다면 아이들 대부분은 각 지능을 상당히 높은 수준으로 발달시킬 수 있습니다. 아이가 학습을 기대하도록 주변 환경을 조성하는 법, 초등학교 교과 과정에서 배우게 될 개념과 내용을 미리 가정에서 학습시키는 법, 지능 발달과 학습을 효과적으로 연결하는 법 등을 꼼꼼하게 소개하오니 이 책을 밑거름 삼아 아이가 품고 있을 행복과 성공의 나무를 함께 크게 키워가기 바랍니다.

2014년 3월

지나침 없이
아이의 능력과 성향을 존중하자!

거의 모든 부모는 한 번쯤 자녀를 키우는 과정에서 아이의 작은 행동과 반응에 경이로움과 감탄을 연발하며 '내 아이는 천재일 거야' 하는 행복한 상상을 한 적이 있을 것입니다. 이러한 상상은 바로 내 아이가 특별하다는 생각에서 비롯된 것으로 있는 그대로 아이의 능력을 순수하게 인정하였기 때문에 가능한 일입니다. 그러나 점차 아이가 자라면서 다른 아이들과 비교하고, 언어나 수학적 능력과 같은 일반적으로 알려진 인지적 능력의 잣대로 평가하는 순간 행복한 상상은 자신만의 착각으로 바뀝니다.

아이는 무한한 가능성이 있는 존재라는 것을 인정하면서도 그 가능성을 하나의 단편적인 기준으로 평가하는 것은 사실 무리가 있습니다.

다중지능이론의 매력은 모든 인간은 특별한 지능을 가지며 무한한 가능성이 있고, 긍정적인 지원을 받는다면 자신만의 독특한 지능을 발달시킬 수 있다는 것입니다. 또 다른 매력은 '인간은 서로 다르다'는 기본 전제하에 개성도 재능도 다른 아이들이 특별하다는 것을 인정하는 태도를 강조하는 것입니다.

모든 부모는 내 아이가 행복한 미래를 살아가기를 소망합니다. 자녀들이 행복한 미래를 살아가도록 돕기 위해서 부모는 무엇보다 아이들이 어떤 것을 좋아하고 어떤 일을 하고 싶고 바라는 지 그리고 어떤 것을 힘들어하고 어려워하는지 등 자녀의 강점지능과 약점지능을 객관적으로 정확하게 알고 있어야 합니다. 특히 아동기는 아이의 잠재지능을 다각적으로 자극하고 지원해주어야 하는 중요한 시기이기 때문에 부모는 자녀의 강점지능을 제대로 찾도록 노력해야 합니다.

강점지능을 찾는 방법에는 관찰법과 검사법이 있는데, 이 책에는 놀이를 통해 자연스럽게 아이의 지능을 파악할 수 있는 방법들을 소개하고 있어 자녀의 지능을 파악하는 데 효과적이라고 생각합니다. 또한 아이의 지능을 파악하는 것 외에도 지능이론에 대한 체계적인 이해를 돕고 자녀의 지능을 계발할 수 있는 구체적인 활동을 제시하여 큰 도움이 될 것으로 기대합니다.

마지막으로 자녀에게 감춰진 놀라운 가능성을 키워줄 때 절대 잊어서는 안 되는 것이 있습니다. 바로 지나침이 없이 아이의 능력과 성향을 그대로 존중하는 부모님의 현명한 태도가 필요하다는 점을 다시 한 번 당부드립니다.

_최일선(경인교육대학교 유아교육과 교수)

차례

3장 34가지 핵심 지능코칭 활동
놀이처럼 즐기고 더 똑똑하게 만드는 지능코칭

{ SMART PLUS } 지능 자극하는 엄마의 기술

1장
SMARTER
than you think!

생각보다 더 똑똑한 아이, 엄마만 모른다

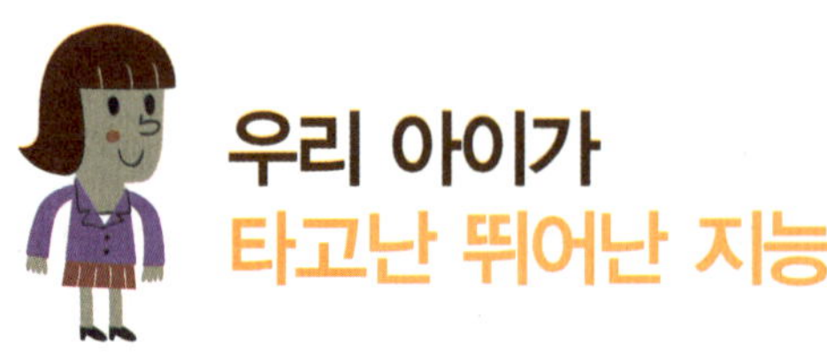

우리 아이가
타고난 뛰어난 지능

학습은 공식 '수업' 시간 내에만, 또한 꼭 종이에 무언가를 써야만 이루어지는 것일까요? 천만의 말씀입니다. 아이는 엄마와 함께하는 모든 곳에서 학습합니다. 아이는 마치 스펀지와도 같아서 보고, 듣고, 냄새 맡고, 느끼고, 맛보는 것을 모두 흡수하지요.

1980년대까지만 해도 지능은 오직 한 종류이고, 그 지능의 수준은 태어나면서부터 죽을 때까지 변하지 않는다는 생각이 일반적이었습니다. 바로 IQ(지능지수)였지요. 그러나 1983년, 이러한 사회 전반적인 분위기 속에서 하버드 대학교의 교육학 교수인 하워드 가드너Howard Gardner가《마음의 틀: 다중지능이론 Frames of Mind: The Theory of Multiple Intelligence》이라는 획기적인 책을 내놓았습니다. 가드너는 광범위한 연구 끝에 지능에는 일곱 종류가 있으며 이 일곱 가지 '지능은 발달할 수 있다'는 이론을 제시하여, IQ 하나만으로 지능을 요약했던 당시의 견해에 도전장을 냈습니다.

가드너는 연구 초기에 엄격한 과학적 기준을 세우고 그에 맞는 일곱 가지 지능을 발견했으며, 그 외에도 더 많은 지능이 있다고 생각했습니다. 예를 들어 그는 그때 이미 자연탐구지능Naturalistic Intelligence을 인지하고 있었지요.

다중지능이론은 명확하고 포괄적인 지능 모델로, '학술적' 지능만이 아니라 사람의 모든 지능을 고려하는 이론입니다. 따라서 이 이론은 피아니스트나 올림픽 선수처럼 전통적인 지능의 틀 밖에서도 성공하는 사람이 많다는 사실을 잘 설명해주고 있습니다.

다중지능이론을 간단히 말하자면 사람마다 약간의 차이는 있지만 사람들은 각기 다양한 방면에서 모두 똑똑하고, 사람에게는 학습과 발달을 위한 틀이 있어서 그 틀의 영향으로 저마다 강한 지능을 지니고 있으며, 누구나 자신의 지능을 발달시키고 자기 계발에 이용할 수 있다는 것입니다.

사람은 누구나 여러 다른 지능을 어느 정도씩은 갖고 있습니다. 예를 들어 아이들은 모두 음악지능이 있지만, 작곡가가 되거나 가수 혹은 연주자로 성장하는 아이는 일부에 불과하며, 대다수는 살아가면서 음악 감상을 즐기거나 음악에 맞춰 춤추기를 좋아하는 정도에 머무릅니다. 필요한 격려와 지도를 시기적절하게 받을 수 있다면 대부분의 아이들은 모든 지능을 높일 수 있습니다.

다중지능이론에 따르면 태어날 때의 지능은 평생 고정되는 것이 아니므로, 아이의 특출한 지능을 파악하고 아이가 그 지능을 자신의 강점으로 만들도록

도와줘야 하고, 약한 부분은 향상시키도록 도와줘야 하지요. 특출한 지능이 드러나는 방식은 저마다 다릅니다. 일례로 아직 어려서 글을 읽을 수는 없지만 이야기꾼처럼 말을 잘한다면, 언어지능이 높은 아이랍니다.

각 지능은 별개로 존재하는 것이 아니라 복잡한 방식으로 항상 상호작용합니다. 프로 축구 선수의 경우 공간지능과 신체운동지능이 높아야 하는데, 이는 두 지능이 서로 결합해서 상호작용을 해야만 공을 정확히 패스할 수 있기 때문입니다.

가드너가 말하는 8가지 다중지능

- **논리수학지능:** 숫자를 실제적으로 이용할 수 있고, 숫자를 토대로 추론하고 판단하고 논리에 적용할 수 있는 능력
- **언어지능:** 말하기 또는 글쓰기를 할 때 단어를 잘 사용하는 능력
- **음악지능:** 음악의 형태를 이해하고, 변형시키며, 표현할 수 있는 능력
- **공간지능:** 사물이나 이미지를 이해하고 조작할 수 있는 능력 → 미술 지능
- **신체운동지능:** 자신의 몸을 이용하여 표현하거나 자세를 취할 수 있는 신체 능력

- **자연탐구지능:** 식물과 동물, 자연현상을 인식하고 분류할 수 있는 능력
- **자기성찰지능:** 자신의 감정을 파악하고 관리할 수 있는 능력
- **인간친화지능:** 다른 사람의 감정을 파악하고 관리할 수 있는 능력

 우리 아이는 논리(사고)지능이 뛰어난 아이?

정신을 근육이라고 상상한다면, 다리 근육을 다양한 방식으로 사용해서 걷거나 달리고 뛰어오르는 것처럼 두뇌도 다양한 목적에 맞춰 사용할 수 있습니다. 논리(사고)지능이란 이처럼 여러 가지 용도에 맞게 생각을 활용하는 능력입니다.

아이가 어린이집이나 유치원, 학교에 다닌다면 엄마는 아이가 온종일 생각을 할 것이라고 여길지도 모릅니다. 하지만 학교는 논리적 사고에 중점을 두므로, 아이가 다른 종류의 사고를 접하는 것은 사실상 엄마의 몫입니다. 또 아이는 자신이 학교에서 논리적 사고를 토대로 학습한다는 사실을 인식하지 못할 수도 있으므로, 아이에게 그 개념을 소개하는 것도 중요합니다. 질문에 대답하고 문제를 해결하기 위해 논리적으로 사고하는 기술은 아이 교육의 근본이지요.

 ## 우리 아이는 수학지능이 뛰어난 아이?

수학지능은 숫자를 자신 있고 훌륭하게 사용하는 능력입니다. 기본적인 산술 계산은 수학지능의 기본이기도 하지만, 추론과 문제 해결력과 같은 다른 특징 역시 중요합니다. 수학지능이 뛰어난 아이는 질문하고 연구하면서 문제의 해답을 탐구하고, 해답을 찾으려고 문제에 집착하기도 합니다. 한 가지 문제의 해답을 한 가지가 아닌 여러 가지로 생각하고, 일상생활에 수학을 훌륭히 응용하며, 그럴 때마다 무척 활기를 띠지요. 또한 단어나 숫자, 수학 기호로 상황을 설명하고, 자신이 해답을 얻기까지의 과정을 이야기하며, 다른 사람들의 사고방식에 귀 기울일 줄 알고, 문제의 해답을 풀어나가면서 수학이 어떻게 풀리는지를 이해합니다. 수학 학습은 문제를 풀고, 배워왔던 지식을 새로운 문제에 응용하는 과정입니다. 하지만 오늘날의 학교에서는 개념 이해와 해답을 도출하는 사고에 주안점을 두고 있지요.

 ## 우리 아이는 언어지능이 뛰어난 아이?

언어지능은 사람들과 의사소통하고 글과 말을 모두 이해하는 능력을 의미합니다. 언어지능은 의사소통, 자기표현, 어휘력의 세 가지 요소로 나뉩니다. 글 또는 말의 형태로 쉽고 적절하게 이야기할 수 있는 아이는 성인으로서의 삶을 매우 유리하게 시작할 수 있답니다. 말로 하는 의사소통은 사람이 상호작용을 할 수 있는 가장 중요한 방법이니까요. 엄마는 아이를 다양한 방식과 다양한

목적으로 말할 수 있도록 격려하여 아이의 언어지능을 발달시킬 수 있도록 도와줘야 합니다.

 우리 아이는 음악지능이 뛰어난 아이?

모든 형태의 음악을 느끼고, 창작하고, 표현하는 능력입니다. 음악지능은 매우 어릴 때부터 발달해서 갓난아이라도 부모님의 목소리나 자장가로 달랠 수 있지요. 또 아장아장 걷는 유아도 자기 나름대로 곡조를 흥얼거리며, 활기차게 율동할 수 있는 노래를 좋아합니다.

음악지능은 '하향식'과 '상향식'으로 나타납니다. 음악에 감정을 이입하고 음악을 직관적으로 감상하는 능력인 '하향식' 음악지능이 뛰어난 사람은 음과 박자가 조화를 이룬 전체적인 형태에서 행복을 느끼고, 이로부터 영감을 얻는 능력을 보입니다. 음악을 분석하고 기술적으로 이해하는 '상향식' 음악지능이 뛰어난 사람은 수준 높은 음악을 작곡하고 연주하는 능력을 나타냅니다. 내 아이에게 이런 음악지능이 드러나는지 잘 살펴볼 일입니다.

음악을 만들려면 다른 여러 지능도 필요합니다. 박자를 세고 음악의 구조를 배우는 것은 수학지능과 논리지능에 달렸으며, 음표를 그리려면 신체운동지능을 이용해 몸을 조정해야 합니다. 다른 사람과 의사소통하는 데에도 무척 효과적이기 때문에, 음악지능은 인간친화지능(정서지능)에도 도움이 됩니다.

아이들 대부분은 음악을 좋아합니다. 심지어 아직 기어 다니지도 못하는 아

기도 리듬에 맞춰 고개를 '까닥까닥'합니다. 음악은 어린이가 말로 표현하기 어려운 기분과 감정을 표현하게 해주는 안전장치이기 때문에 감정의 배출구로도 장려하지요. 노래나 음악 작품을 잘 해석해서 부르고 연주하는 아이는 성취감과 자부심이 굉장히 높습니다. 음악지능은 합주 또는 합창을 하려면 알고 지내는 친구 외의 다른 사람들과도 어울려야 하기 때문에 사회성을 향상하는 데에도 도움이 되지요.

 ## 우리 아이는 공간지능이 뛰어난 아이?

상자를 상상해보세요. 그리고 머릿속에서 상자를 이리저리 돌려가며 윗면과 뒷면을 보고, 여러 각도에서 바라봅니다. 눈앞에 있는 사물을 실제로 보는 것처럼 마음속으로 이미지와 사물을 분명하게 볼 수 있는 능력, 이것이 바로 공간지능의 본질입니다. 공간지능은 지도를 보고 낯선 장소에 찾아가거나, 물건을 분해하고 다시 조립하는 일을 쉽게 해내는 것을 의미합니다. 사물과 그것이 존재하는 공간에 대한 감각이 있는 것이지요.

 ## 우리 아이는 신체운동지능이 뛰어난 아이?

신체운동지능이란 자신의 몸을 잘 사용하는 능력, 즉 몸을 통제하고 몸을 능숙하게 사용하는 능력입니다. 흔히 사람들은 몸에도 '지능'이 있다고 생각하지

못합니다. 우리 몸이 하루 동안 수행하는 임무는 종류도 가지각색이고 양도 어마어마하지만 대부분 잠재의식 속에서 이루어지기 때문이지요. 그러나 사람이 걷고 운전하고 선반에 놓인 물건을 집으려고 손을 뻗을 때, 우리 몸은 그 일만 하는 것이 아니랍니다. 항상 머릿속에서 모든 동작을 조정하고 있지요. 신체운동지능은 스포츠에만 필요한 것이 아닙니다. 무용수, 배우, 화가, 심지어 치과의사도 신체운동지능이 뛰어난 사람들입니다.

모든 사람이 뛰어난 운동선수나 공연 예술가가 될 수 있는 것은 아니지만, 사람은 누구나 건강해야 하고, 근육과 관절이 튼튼해야 하며, 나이가 들면서 올 수 있는 긴장성 증후군을 예방해야 합니다. 많은 사람들은 손을 사용하는 취미를 즐기거나, 자신을 예술적으로 표현하는 데에서 기쁨을 느낍니다. 이 모든 것들이 부모가 아이의 신체운동지능을 발전시켜야 아이도 누리게 될 즐거움이지요.

 우리 아이는 탐구지능이 뛰어난 아이?

탐구지능은 동식물과 자연현상을 확인하고 분류할 줄 아는 능력입니다. 누구나 알고 있듯이 원예에 재능이 있어서 식물을 잘 가꾸고 기르는 사람, 믿을 수 없을 정도로 동물과 잘 교감하는 사람이 있습니다.

탐구지능이 있는 아이들은 야외에서 지내는 시간을 좋아합니다. 애완동물을 기르고, 씨를 심어 식물을 기르고, 화석을 찾아다니고, 자연에 대한 책이나 자연 세계를 다룬 텔레비전 프로그램을 좋아하지요. 이런 아이들은 공룡이나 상어처럼 '흥미로운' 종에 관심이 많습니다.

탐구지능이 발달하면 다른 지능도 함께 발달합니다. 깃털이나 암석 수집품을 분류하려면 논리지능이 필요하지요. 애완동물이나 식물을 기르면 정서지능에 도움이 됩니다. 사람은 물론 생태계의 동식물과 관계를 맺는 데에는 정서지능이 필요하고요. 대부분의 자연 활동은 야외에서 이뤄지므로, 야외에서 자연과 하나가 되어 몸과 마음이 모두 건강해진다는 이점도 있습니다. 따라서 탐구지능을 장려하면 아이를 사람답게 키우는 데에도 도움이 된답니다.

 ## 우리 아이는 감정(자기이해)지능이 뛰어난 아이?

자신을 잘 알고, 자신이 누구인지 또 자신의 강점과 단점은 무엇인지를 잘 아는 사람은 자아를 똑똑하게 성찰하는 즉, 감정지능이 발달한 사람입니다. 이러한 사람들은 과거의 경험을 돌이켜 생각하고 여기에서 교훈을 얻습니다. 감정지능이 발달한 사람은 자신감이 있고 자기를 통제할 줄 알며 적극적으로 생활하기 때문에, 대인 관계가 안정적이며 행복하고 성공적인 인생을 살 수 있습니다.

사실 음악지능이나 공간지능은 따로 계발하지 않아도 크게 문제되지 않습니다. 하지만 자기 행동의 감정적 동기를 이해하는 능력은 생활의 모든 면에서 반드시 필요하지요. 감정지능의 핵심은 다양한 감정을 이해하고, 구분하고, 각각을 별개의 감정으로 인식한 후 그 감정들을 적절한 행동으로 바꾸는 능력입

니다. 감정지능은 훗날 아이의 성공에 있어 가장 중요한 열쇠입니다.

 ## 우리 아이는 정서지능이 뛰어난 아이?

정서지능은 다른 사람, 다른 사람의 기분, 동기, 의향을 이해할 줄 아는 능력입니다. 이 지능이 뛰어난 사람은 다른 사람을 잘 이해하고, 다른 사람에게 감정이입할 수 있으며, 다른 사람과 정서적으로 분명하게 의사소통하고, 다른 사람을 고무시키며, 나와 다른 사람의 관계를 이해합니다.

정서지능이 발달한 아이는 사람을 정말로 좋아해서 교우 관계의 폭이 넓습니다. 갈등을 원만하게 해결할 가능성이 높으며, 리더의 기질을 타고났지요. 또한 다른 사람의 마음을 잘 읽고, 감정적인 분위기를 정확하고 쉽게 포착하며, 부끄러움이 많은 아이나 학교에서 인기가 별로 없는 아이에게도 먼저 손을 내밀며 다가간답니다. 이런 아이에게는 사람들이 편하게 다가갈 수 있기 때문에 많은 아이들이 함께 놀고 싶어 하지요.

활발한 교우 관계는 어린 시절의 매우 중요한 부분을 차지하며, 아이가 건강하게 성장하는 데 필수적입니다. 아이는 친구를 통해 사람들과 어울리는 법, 자신과 다른 사람의 감정을 이해하는 법, 협상하는 법, 협력하는 법, 양보하는 법을 배웁니다.

우리 아이가
타고난 학습 스타일

　지금까지 수많은 학자들이 수백만 달러의 연구비를 들여 학습 스타일을 연구·조사하고, 그 결과를 발표했습니다. 그만큼 많은 이론이 나왔고, 다양한 이름만큼 아주 다양한 학습 스타일이 나왔지요. 이중에서 아이가 선호하는 학습 스타일이 무엇인지를 확인하는 것은 매우 중요합니다. 우리 아이를 분류하고 특정한 한 방식으로 가르치기 위해서가 아니라, 아이가 좋아하는 학습 스타일을 확인하는 과정에서 다양한 학습 스타일이 있다는 사실을 알게 되기 때문입니다. 대부분의 사람들은 여러 유형의 학습 스타일이 혼합된 가운데 한 가지 스타일이 특히 강하게 나타납니다. 그러므로 학습은 여러 유형의 학습 스타일을 함께 활용할 때 가장 효과적입니다.

　아이가 학습을 잘할 수 있도록 도와주려면 아이에게 맞는 스타일을 찾아내는 것이 중요합니다. 아이의 학습 스타일을 이해하면 아이가 쉽게 이해할 수 있는 방법으로 가르치기도 쉬워지니까요. 또 아이의 학습 스타일에 맞는 맞춤 활동을 짤 수 있지요. 아주 가까운 곳에서 조용히 아이를 관찰하고 판단해주세요. 그리고 아이에게 학습 전략을 제시할 때는 '부모의 방식'을 지나치게 강조하지 않도록 부모님이 선호하는 학습 스타일을 파악해두는 것도 중요하답니다. 생활의 여러 측면에서도 그렇듯이 학습에서도 아이의 방식과 부모님의 방

식은 다를 수 있기 때문이지요.

 ## 우리 아이는 청각형 학습자?

우리 아이는 무언가를 배울 때 쉽게 듣고 이해하며 말을 잘하는 아이인가요? 단어를 구성하는 글자를 말할 때 하나하나 정확히 발음하는 편인가요? 그렇다면 우리 아이는 바로 청각형 학습자입니다. 사실과 설명을 듣고 이해하는 학습을 가장 잘할 수 있지요. 언어 위주의 학습자는 그림이 아닌 말로 생각하고, 개념을 이해하면 말로 표현합니다. 청각형 학습 스타일을 좋아하는 아이는 외국어를 배울 때 뛰어난 능력을 발휘하며, 음악적 재능이 잠재되어 있답니다.

 ## 우리 아이는 시각형 학습자?

우리 아이는 이미지와 도표를 잘 기억하는 아이인가요? 영화에서 특히 좋았던 장면을 묘사할 때 여러 가지 장면을 이야기하면서 영화를 떠올리나요? 그림 그리기를 좋아하고 '미로'처럼 시각적인 퍼즐을 좋아하나요? 약간 공상가적 기질

이 있나요? 무언가를 들었을 때보다 봤을 때의 내용을 더 잘 기억하나요? 그렇다면 아이는 바로 시각형 학습자입니다. 시각형 학습자에게 읽기를 가르칠 때는 시각적 힌트를 주는 것이 특히 중요합니다. 처음에는 그림책에 빠져들겠지만, 영화 필름이 돌아가는 것처럼 머릿속에서 이야기를 그릴 수 있도록 유도해준다면 그림보다 글자가 많은 책도 즐겨 읽게 될 것이랍니다.

 우리 아이는 운동형 학습자?

우리 아이는 무언가를 배울 때 몸을 많이 움직이는 아이인가요? 아주 활동적이고, 가만히 앉아 있기를 어려워하나요? 말을 강조하기 위해 동작이나 몸짓을 크게 하나요? 사물을 설명하기보다 보여주는 편인가요? 그렇다면 아이는 아마도 운동형 학습자일 것입니다.

신체 활동은 운동형 학습자의 열쇠랍니다. 학습할 때에도 전신을 활용하고 싶어 하므로, 숫자 세기를 가르칠 때는 그에 맞는 동작을 취해보라고 하세요. 읽기를 가르칠 때는 박자에 맞추어 무언가를 가볍게 치게 하거나, 주변을 돌아다니거나, 몸을 흔들게 해보세요. 이상하게 들릴지 모르겠지만 학습 효과는 정말 크답니다.

아이에게 부모님의 스타일을 강요하지 말고, 사고의 틀에서 벗어나 생각할 수 있도록 준비시키세요. 이런 학습 스타일을 좋아하는 아이는 학교생활에 어려움을 느낄 수 있고, 주의력결핍 과잉행동장애ADHD의 조짐이 보인다는 소리

를 들을 수도 있습니다. 하지만 운동형 학습자는 직접 해보는 활동을 할 때 즐겁게 학습할 수 있으며, 운동지능과 논리지능을 타고났을 가능성이 높답니다.

 ## 우리 아이는 논리적 학습자?

우리 아이는 패턴을 잘 찾아내고 사물과 개념의 관계를 잘 알아내는 아이인가요? 사물이 어떻게 작용하는지 알아내면서 즐거워하나요? 아이가 '왜?'라는 질문을 너무 많이 해서 이상해질 것 같나요? 머리를 써야 하는 전략 게임과 수학을 좋아하나요? 그렇다면 우리 아이는 아마도 논리적 학습자일 것입니다.

아이와 함께 과학 실험을 하며 아이의 관심을 지속해 주고, 지금 공부하는 과학 내용에 관한 자신의 가설을 탐구해보라고 격려해주세요. 절대로 아이에게 해답을 주지 말고, 아이가 자신의 가설을 직접 실험해보고 자기만의 결론을 내리게 이끌어주세요.

2장
SMARTER
than you think!

내
아이는
어떤
지능이
뛰어날까?

2장에서 소개하는 테스트는 지능 발달 도구로 개발한 것입니다. 아이에게 꼭 도달해야 할 일정 수준이나 성과 기준을 강요하지 말고, 그저 아이와 함께 테스트를 하면서 재미있는 시간을 보내세요. 연필과 종이만으로 충분한 테스트도 있고, 특별한 재료를 필요로 하는 테스트도 있습니다. 대답 역시 다양하지요. 정답이 있는 테스트도, 아이와 토론할 수 있는 출발점이 되는 테스트도 있습니다. 아이의 대답을 해석할 때는 아이의 독립적인 사고 능력, 아이가 과제에서 느낀 즐거움, 주제에 대한 아이의 이해력 등을 근거 삼아주세요.

이 책의 모든 핵심 지능 테스트와 활동은 몇 번씩 반복해도 좋은 프로그램들로 구성되어 있습니다. 따라서 부담 갖지 말고 편안한 마음으로 테스트를 만나보세요. 아이가 혼자 풀기 어려워한다면 엄마가 옆에서 도와줘도 괜찮습니다.

분야별 지능 테스트를 모두 실시해보면 아이의 강점이 훨씬 잘 파

악됩니다. 특별히 뛰어난 지능이 겉으로 드러나는 방식도 무척이나 다양하므로 아이의 점수나 능력을 해석할 때는 결과를 전체적으로 바라봐야 합니다. 아이가 정말로 집중하고 전념했나요? 피곤해하거나 주의가 흐트러지지는 않았나요? 이와 같은 요소들 모두 테스트 결과에 부정적인 영향을 미칠 수 있답니다. 가장 중요한 점은 '아이가 즐겁게 테스트를 했는가'입니다. 일반적으로 아이들은 자신이 잘하는 것을 좋아할뿐더러 즐겁게 하니까요.

'테스트 결과는?' '이렇게 이끌어주세요'는 테스트를 끝낸 뒤에 봐주세요. 이곳에는 각각의 지능별 유형, 테스트 정보, 테스트 관리 및 평가 지침이 담겨 있습니다. 때로는 테스트를 도와주는 힌트나 활동을 확장하도록 도와주는 방법도 있지요. 특히 '이렇게 이끌어주세요'를 잘 활용하면 아이에게 테스트 이상의 도움을 줄 뿐만 아니라, 열심히 하는 아이는 해당 지능이 높아지는 효과도 얻을 수 있습니다.

내 아이는 논리(사고)지능이 뛰어난 아이?

아이의 논리(사고)지능을 파악하는 테스트입니다. 아이가 재미를 느낄 수 있고, 여러 가지 사고 유형이 잘 드러날 수 있는 논리력·창의력·추론 능력 테스트로 구성되어 있습니다. 아이에 따라 이 중 한두 가지를 타고났을 수도, 세 가지를 모두 타고났을 수도 있지요. 타고난 부분은 강화시켜주고 부족한 부분은 취학 전까지 최대한 성장시켜주세요. 하지만 인지 발달은 나이와 밀접한 관계가 있기 때문에 만 7세가 될 때까지 진정한 의미의 논리성은 드러나지 않는답니다.

- **논리력:** 논리는 문제를 단계적으로 추론하고, 패턴을 알아내며, 합리적인 해결책을 찾는 과정입니다. 문제 해결 가능성을 고려하고, 주어진 정보를 평가하고, 가장 확실하다고 판단한 해답을 결정하는 것이지요. 사람들은 일상에서 쌓은 경험과 지식을 바탕으로 논리적 사고를 합니다.

- **창의력:** 창의는 논리와 거의 반대되는 개념입니다. 그러나 창의력은 문제 해결책을 하나만 찾아내는 것이 아니라, 창의력을 발휘하여 가능한 많은 해결책을 생각해내는 데 있습니다. 창의적으로 사고하기 위해서는 정해진 방법에 구속되지 않고 자유롭게 생각하는 것이 중요

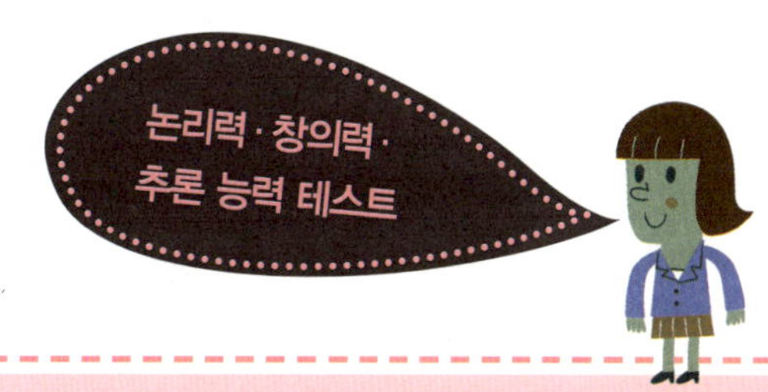

합니다.

- **추론 능력:** 원리적인 측면에서 논리력과 비슷해 보입니다. 추상과 논리에는 추론이 필요하기 때문이지요. 하지만 추상적 사고는 기호와 모형을 암호화할 줄 알아야 하며 해독 과정의 패턴도 읽어낼 줄 알아야 합니다.

이제 막 논리적으로 사고하기 시작한 어린아이들은 대부분 추론을 어려워합니다. 아이들은 풍부한 상상력을 발휘해 자유롭고 창의적인 사고를 하기 때문이지요. 따라서 가장 쉽게 추론의 첫걸음을 내딛는 방법은 바로 창의력이 필요한 문제를 풀어보는 것입니다.

이 시기에는 부모님의 역할이 중요합니다. 아이가 추론을 전개하도록 돕고, 필요할 때는 아이에게 힌트를 주고, 최종 결과보다는 테스트 자체를 이해시키는 것이 중요하다는 사실을 항상 기억해주세요. 또 아이에게는 테스트를 '평가'라고 표현하지 않고 '퍼즐'이라고 소개하는 것이 더 좋습니다.

세 가지 논리지능 테스트는 고도의 집중력을 요구합니다. 특히 첫 번째 논리력 테스트는 학교 시험처럼 느껴질 수도 있으므로, 세 가지 테스트를 한꺼번에 하지 말고 아이가 심리적으로 편안한 상태일 때 하세요. 반면 두 번째 창의력 테스트와 세 번째 추론 능력 테스트는 게임처럼 재미있게 받아들일 수 있으므로, 아이가 지루해하거나 시간적으로 여유가 있을 때 하는 것이 좋습니다.

아이에게 창의적 사고는 논리적 사고의 초기 단계라고 소개해주세요. 아이에게 어떤 문제를 분명히 대답하기 전에 창의적으로 생각해보라고 격려해주세요. 아이는 최고의 해결책을 생각해낼 수 있답니다.

● 천재적인 추론 능력자, **빌 게이츠**

1955년 10월 28일에 태어난 빌 게이츠는 열세 살 때 컴퓨터 프로그램을 만들었습니다. 그에게 논리지능이 있다는 확실한 표시였지요. 하버드 대학교 재학 중에는 BASIC이라는 프로그램 언어를 개발하여 코드를 이용한 추상적인 추론 능력을 드러냈습니다. 1975년에는 마이크로소프트사를 설립하고 회사에 온 힘을 쏟기 위해 하버드를 중퇴했습니다. 그는 미래에는 모든 사무실과 가정에서 개인용 컴퓨터를 널리 사용할 것이라고 판단했고, 컴퓨터 소프트웨어를 개발하기 시작했습니다. 그래서 오늘날 마이크로소프트사가 전 세계 개인용 컴퓨터를 지배할 수 있었던 것이지요.

01 무엇이 무엇이 똑같을까?

그림을 자세히 보세요. 그리고 그림과 그림 사이에 서로 똑같은 점과 서로 다른 점, 그림들의 순서를 생각해보세요. 엄마는 아이가 주의 깊게 그림을 볼 수 있도록 도와주세요.

01 A, B, C 세 그림 중 보기와 똑같은 종류의 그림은 무엇일까?

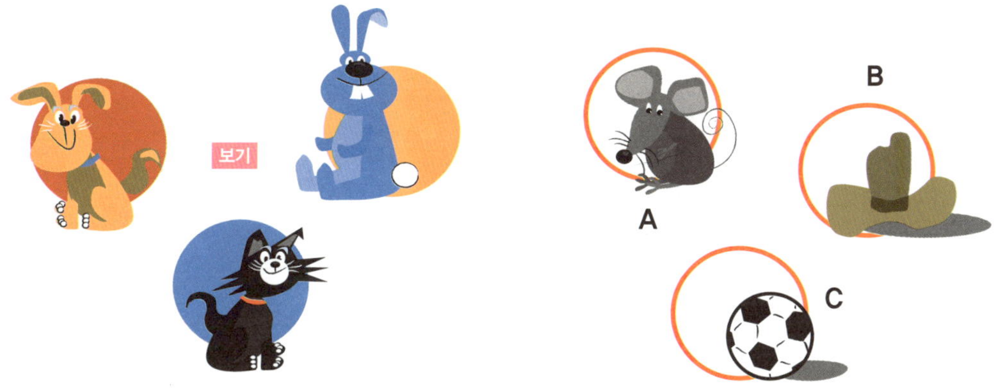

02 A, B, C 중에서 물음표에 들어갈 그림은 무엇일까?

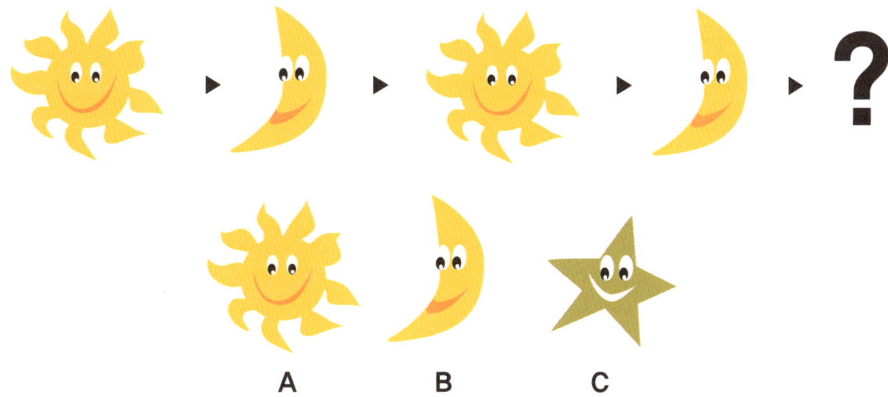

03 물음표에 들어갈 그림은 무엇일까?

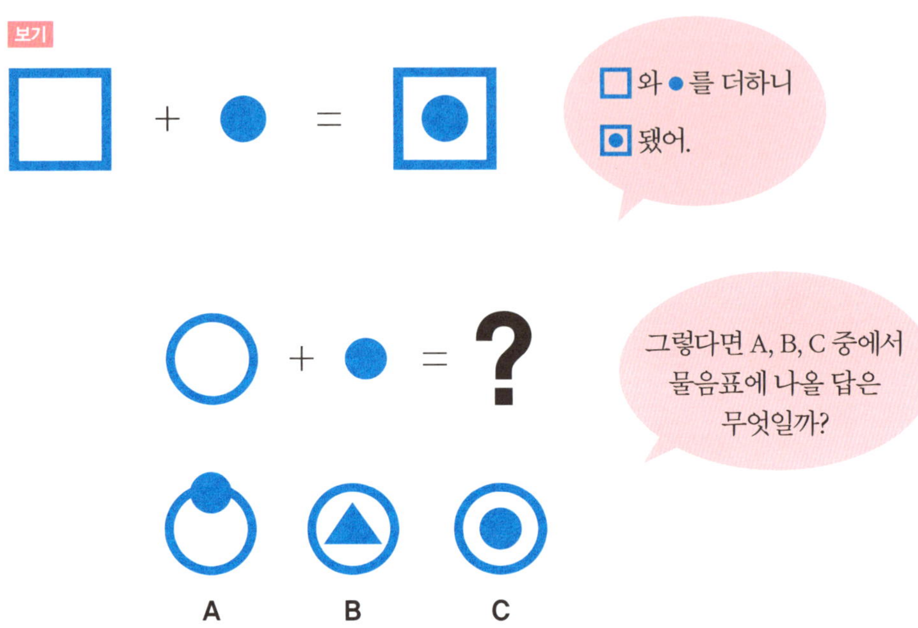

04 A, B, C 가운데 보기와 다른 모양은 무엇일까?

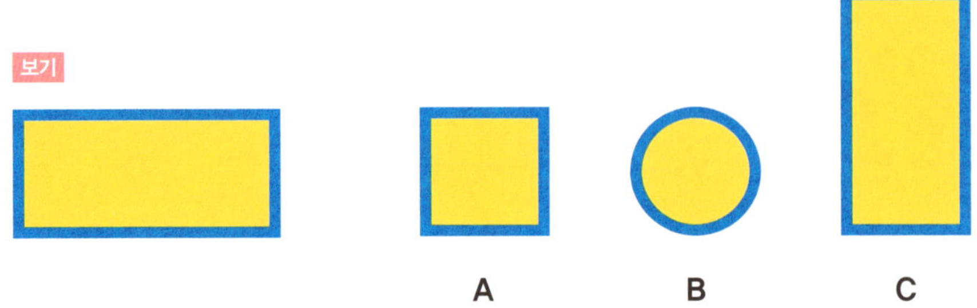

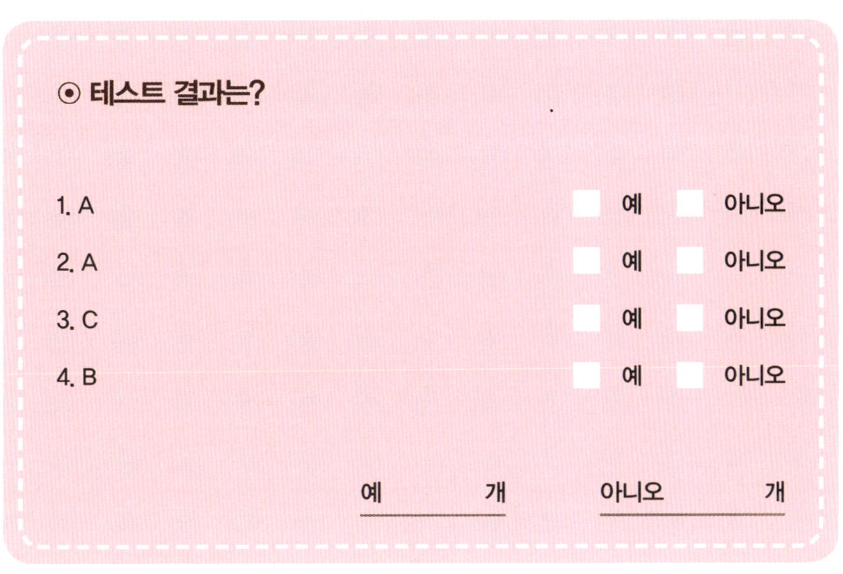

우리 아이는 집중력이 뛰어나고
논리성이 풍부한 아이!

정답이 세 개 이상이라면 논리적으로 생각하기 시작한 아이입니다.
앞의 테스트를 참고하여 엄마가 직접 논리력 테스트를 만들어 아이에게 풀어
보라고 하세요. 엄마의 테스트가 아이에게 논리적 구성을 잘 이해시킬 수 있다
면 더욱 좋습니다.

정답이 두 개 이하라면 이제 막 '논리'를 배우기 시작한 아이입니다.
충동적인 경향을 보일 수도 있으므로, 아이에게 답을 고른 이유를 서두르지 말
고 차근차근 설명해보라고 격려해주세요. 그리고 테스트가 끝난 뒤에는 문제
를 이용해 아이에게 패턴 인식과 문제 해결에 대해 가르쳐주세요. 논리는 어떤

문제에 대해서 가장 가능성 있는 해결책을 찾고, 단계적으로 추론하며, 정보를 분류하는 능력입니다. 학교 공부는 물론 일상생활에도 무척 유용한 기술이지요. 아이는 논리로 논쟁을 해결하고, 학교에서 배우는 새로운 과목을 빨리 파악하고, 나아가 바깥세상을 이해하게 됩니다.

이 테스트의 목적은 아이의 집중력을 키워주고 아이가 논리적으로 사고하도록 도와주는 데 있습니다. 아이에게 그림을 주의 깊게 보라고 조언해주세요. 그리고 주변에서 쉽게 접할 수 있는 시각적 패턴(티셔츠의 줄무늬와 같은)과 개념적 패턴('사과와 배는 둘 다 과일이다'와 같은)에 대해 이야기해주세요. 아이가 먼저 스스로 찾아보는 것이 가장 중요합니다. 엄마는 돕는 역할을 맡아주세요. 중간중간 다음과 같은 힌트를 주거나, 그림에서 서로 관련된 부분을 가리키며 도와주세요.

01 모두 동물이야, 그렇지?

02 해, 달, 해, 달… 그렇다면 다음엔 뭐가 올까?

03 이것은 더하기와 비슷해. 네모와 동그라미를 더하면 네모 속에 동그라미가 들어간단다.

04 네모는 네 개의 선으로 이루어져 있어, 그렇지?

♥ 이렇게 이끌어주세요 ♥

• 철 지난 잡지를 찾아 아이가 자유롭게 훑어보게 해주세요. 그리고 '파란색 물건' 또는 '집에서 찾을 수 있는 물건'처럼 주변에서 쉽게 볼 수 있는 것 한 가지를 정해서 그에 맞는 그림이나 사진을 오리게 하세요. 아이가 오려낸 것을 큰 종이에 붙여서 콜라주를 만들면 좋습니다.

• 아이들은 물건 모으기를 좋아하는 경향이 있습니다. 물건 모으기는 정보를

구분하고 분류하는 법을 배울 수 있는 좋은 취미가 될 수 있지요. 아직 아이가
모아놓은 물건이 없다면 이제부터 시작해보라고 북돋워주세요. 엽서나 조약
돌, 특정 종류의 장난감 등 아이의 관심을 끌 만한 물건을 정합니다. 그리고 아
이와 함께 나라, 크기, 색깔 등으로 물건을 분류하는 다양한 방법을 이야기하
고, 모아놓은 물건을 여러 무리로 분류하게 해주세요.

02 줄줄이 말하기

머릿속에 떠오르는 생각을 멈추지 말고 끊임없이 말하게 합니다.
엄마는 아이가 어떻게 꼬리에 꼬리를 물고 이야기하는지 잘 들어보세요.

01 왕이나 여왕이 된다면 무엇을 하고 싶니?

"나는

____

____

____

____

하고 싶어요."

02 가게에서 살 수 있는 것은 무엇일까?

"가게에 가서

_______________ 을/를 샀어요."

03 왜 그 일을 하지 않았을까?

"점심을 먹지 않은 이유는 _______________

____

_______________ "

{ SMART GUIDE }

우리 아이는 상상력이 풍부하고 창의성이 뛰어난 아이!

'예'가 세 개 이상이라면 능숙하게 두뇌 사용하는 법을 분명히 배우고 있는 아이입니다.

'아니오'가 세 개 이상이라면 창의적으로 생각한다는 사실을 아직 깨닫지 못한 아이입니다. 아이의 독창적 창의력이 잠재의식 속에서 깨어나기만을 기다리고 있는 것이지요.

창의성을 발휘하기 위해서는 어떠한 문제를 마주했을 때, 문제 해결의 선택 범위를 축소하지 않고 확대할 줄 알아야 합니다. 끊임없이 자유롭게 사고하도록 도와주는 이 테스트는 아이가 생각하는 해결책을 현실적인 문제에 적용하는 데 큰 도움을 줍니다. 아이가 살아가면서 성공할 수 있도록 돕는 중요한 요소지요.

이 테스트의 목적은 아이가 상상력을 최대한 발휘하도록 격려하는 데 있습니다. 브레인스토밍은 사고 과정을 자유로이 펼쳐놓을 수 있는 훌륭한 기회일 뿐더러, 누가 봐도 뻔하고 따분한 아이디어가 아닌 새롭고 색다른 아이디어가 필요한 상황에 무척 유용합니다. 하지만 어린아이의 경우 이 테스트를 바로 시작하면 익숙지 않아 머뭇거릴 수 있으므로 어느 정도 엄마가 도와줘야 할지도 모릅니다. 이럴 때는 다음과 같은 힌트를 준 다음 브레인스토밍을 시작하도록 도와주세요.

01 아침에 아이스크림을 먹고… 목욕은 하지 않고… 캠핑을 간다.

02 동물… 장난감… 바나나

03 내 옆에 거미가 있었는데… 내가 포크를 들자 사라졌다… 개가 그것을 먹었다…

♥ 이렇게 이끌어주세요 ♥

● 아이에게 주제를 제시하고 '주제와 관련된 물건이나 활동을 가능한 많이 말해보라'고 이끌어주세요. 예를 들어 어린이집 또는 유치원에 가는 모든 방법, 좋아하는 장난감을 숨길 수 있는 장소 등을 말해보는 것은 어떨까요? 브레인스토밍은 주제 역시 무한합니다. 아이들의 상상력은 놀이를 할 때 항상 발휘되므로 테스트를 할 때는 마치 놀이처럼 자유롭고 편안한 분위기를 만들어주세요.

● 아이의 창의력을 길러주는 데 빠질 수 없는 중요한 요소 중 하나는 우리가

살고 있는 지구촌 세계를 정상적으로 인식하는 동시에, 그 다양성을 다양한 시각으로 바라볼 수 있는 능력입니다. 엄마는 아이에게 서로 다른 공동체와 문화를 가르쳐줘야 하며, 모든 사람들이 아주 다양한 생활 방식과 가치관을 누리며 살고 있다는 사실도 인식하도록 도와줘야 합니다. 아이를 데리고 가까운 차이나타운, 태국 식당이나 이탈리아 식당에 데려가 보세요. 혹은 인도 식당에 데려가 집에서 먹는 카레와 인도 식당에서 먹는 커리의 차이점을 느끼게 해주세요. 그러면서 지구 상에는 얼마나 다양한 사람들이 얼마나 다양하게 살아가는지를 아이에게 이야기해주세요.

03 나만 알아볼 수 있어요

엄마와 나, 둘만 알 수 있는 암호를 만드는 시간이에요. 모든 글자에 혹은 아이 이름 글자에
암호를 만들어 넣어요. 엄마는 아이가 글자마다 다른 암호를 잘 만드는지 옆에서 봐주세요.

---

01 아래에 있는 암호로 '사자'라는 글자를 만들어볼까?

사자 ┈▸ ______ ______

---

02 이제 비밀 메시지를 만들어볼까?

엄 마 사 랑 해

____ ____ ____ ____ ____

◉ 테스트 결과는?

		예		아니오
아이가 무엇을 하고 있는지 이해했나요?	☐	예	☐	아니오
정답 '사자'를 암호로 만들었나요?	☐	예	☐	아니오
아이만의 암호를 만들었나요?	☐	예	☐	아니오
비밀 메시지를 쓰면서 즐거워했나요?	☐	예	☐	아니오
테스트를 끝낸 뒤 암호에 대한 관심이 커졌나요?	☐	예	☐	아니오

예 _____ 개   아니오 _____ 개

우리 아이는
추론하는 능력이 뛰어난 아이!

'예'가 세 개 이상이라면 추상적 개념을 잘 파악하고 있는 아이입니다. 암호를 만드는 것 그리고 다른 사람이 그 암호를 해석할 수 있다는 개념을 잘 이해하고 있지요

'아니오'가 세 개 이상이라면 아직은 독창적으로 생각하고 싶은 마음이 더 커야 하는 아이입니다. 테스트를 끝낸 아이는 추상적인 용어로 사고하는 게 아직 자연스럽지 않다는 사실을 깨달았을 것입니다.

추상적으로 추론하기 위해서는 저마다 다른 기호와 모양 사이의 패턴을 알

아보고, 읽어내고, 그것을 해석할 수 있는 능력이 수반되어야 합니다. 이렇게 사고할 수 있는 아이는 자신이 잘 알고 있는 것들이 여러 가지 방식으로 제시된다는 사실을 잘 이해합니다. 악기나 새로운 언어를 배울 때 반드시 필요한 능력이지요.

이 테스트의 목적은 아이의 잠재된 추론 능력을 이끌어내는 데 있습니다. 아이에게 종이와 연필을 주고 자신의 이름이나 좋아하는 글자를 써보라고 하세요. 이때 각 글자 옆을 한 칸씩 띄워두도록 합니다. 그리고 나서 아이가 쓴 글자 옆에 그 글자만의 독특한 기호를 만들어 넣으라고 해보세요. 테스트 후 글자와 기호를 확인할 수 있도록 복사본도 만들어두세요. 컴퓨터를 이용할 경우에는 흔히 사용하지 않는 독특한 서체나 기호를 사용하는 것도 좋습니다.

♥ 이렇게 이끌어주세요 ♥

아이와 함께 보물찾기를 해보세요. 집이나 정원, 어린이집, 유치원 등 익숙한 장소를 지도로 만든 뒤, 그 안에 있는 사물을 각각 다른 기호로 표시해보세요 (책은 ○, 모자는 ☆, 시계는 □ 등). 그리고 보물(작은 선물이나 사탕)이 있는 위치에는 'X' 자를 그려 넣고 아이에게 완성된 지도를 건네줍니다. 아이가 혼자서 그 기호를 해석하고 보물을 찾아낼 수 있는지 지켜봐 주세요.

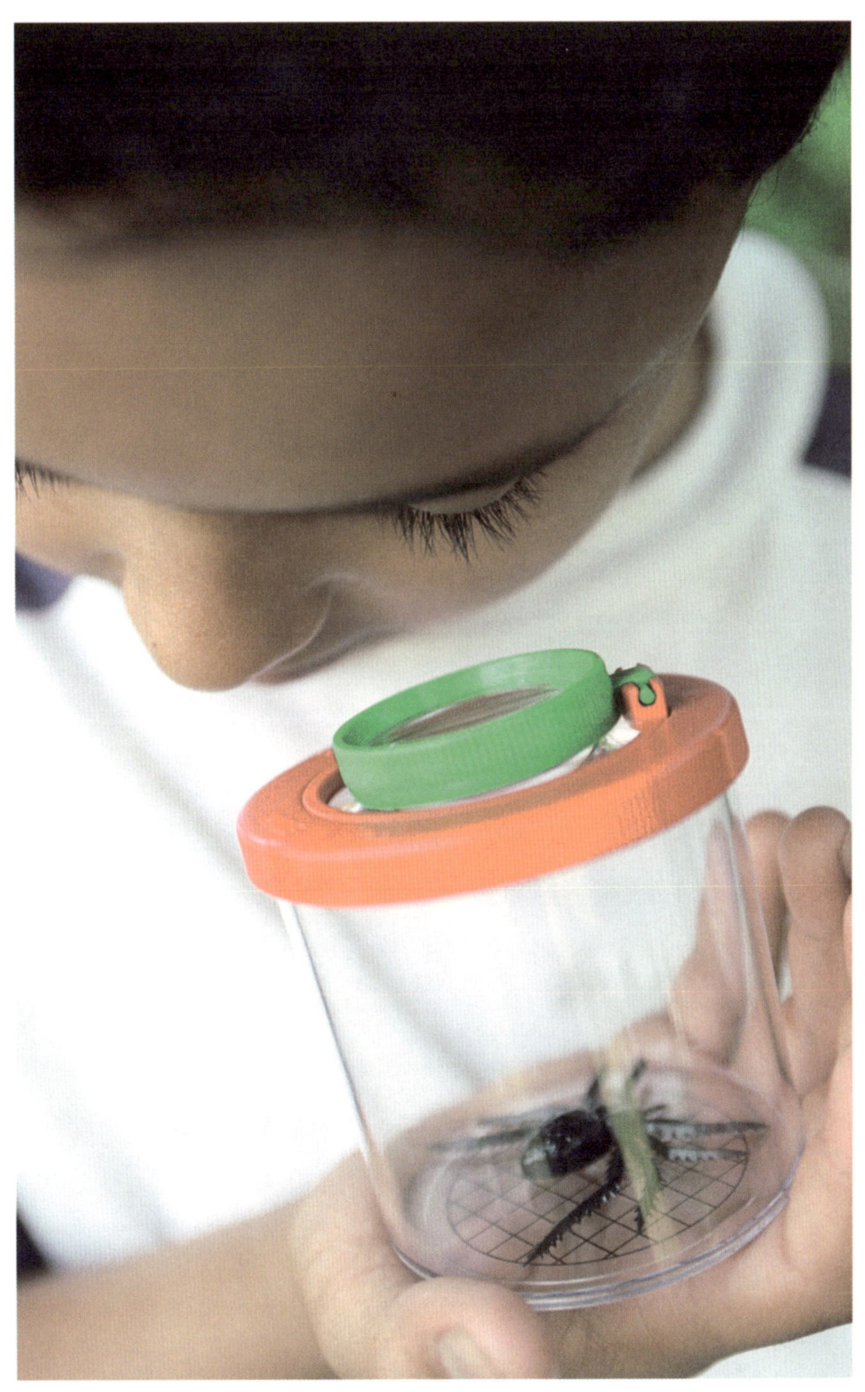

내 아이는 수학지능이 뛰어난 아이?

아이의 수학지능을 파악하는 테스트입니다. 숫자·셈·수리로 나뉘는 수학지능 테스트는 아이에 따라 서로 다른 결과가 나타나지요. 이 중 한두 가지를 타고난 아이도, 세 가지 지능을 모두 타고난 아이도 있습니다. 타고난 부분은 강화시켜주고 부족한 부분은 성장시켜주세요.

다음의 세 가지 테스트는 아이가 수학에 재미를 느끼고, 엄마와 아이 사이에 수학적 상호작용을 촉진하도록 구성되었습니다. 수학을 이해하는 데에는 나이도 관계가 있으므로, 이 테스트는 너무 어리지 않은 만 네 살에서 만 여섯 살 사이의 아이들에게 적합하답니다. **테스트 04, 05**는 기본 산술 능력 평가로, 아이의 현재 수학 수준을 알게 해줍니다. **테스트 06**은 일상생활에 활용하는 수리 추리력을 평가하도록 만든 것입니다. 이때 명심해야 할 점이 하나 있습니다. 아이를 재촉하지 말고, 아이가 자기 속도대로 그리고 주도적으로 풀 수 있는 재미난 과정이 되게 해주세요.

수학지능 여부를 찾아보려는 이번 테스트의 본질은 아이들이 숫자를 편안하게 느끼고, 숫자를 이용해 문제를 해결하는 즐거움도 느끼게 해주는 것이니까요. 아이의 실수보다는 열의에 초점을 맞춰주세요. 아이에게 열정이 있다면 수학지능의 발달이라는 결실을 맺을 수 있답니다.

아이가 수학에 자신감을 잃지는 않는지 항상 살펴봐 주세요. 만약 자신감을 잃은 듯하다면 아이를 열심히 격려해주고 연습시켜서 바로 개선해야 한답니다. 수학지능이 있는 아이는 숫자를 능숙하게 사용할 수 있는 자신의 능력으로 자신감이 높아집니다. 이 능력을 최대한 발휘하고, 실수에서 교훈을 얻고, 참을성 있게 연습한다면 아이의 수학지능은 더욱 향상될 것입니다.

{ WHIZ KID }

● 위대한 수학 천재, 스리니바사 라마누잔

1887년 인도 남부에서 태어난 스리니바사는 위대한 수학 천재입니다. 그는 평생 동안 숫자에 푹 빠져 지냈지요. 어린 시절부터 삼각법과 순수수학을 혼자 공부했으며, 큰 수 곱셈을 암산하는 등 뛰어난 수학적 재주로 선생님들을 놀라게 했습니다. 나중에는 마드라스 대학교와 케임브리지 대학교에서 공부하였고, 케임브리지 대학교에서는 트리니티 컬리지의 연구원으로도 선출되었답니다. 불행히도 건강이 좋지 않았던 그는 유명한 연구 노트들을 남기고 서른두 살의 나이로 세상을 떠났습니다. 오늘날의 많은 수학자들은 그가 남긴 노트를 보며 그의 수학 원리들을 입증하기 위해 노력하고 있습니다.

04 모두 모두 몇 개?

동물들이 생일 파티를 하고 있어요. 엄마는 아이와 함께 그림을 보며 질문을 읽고 아이에게 이해시켜 주세요. 질문에 관련된 그림을 짚어주면서 아이가 집중력을 잃지 않도록 도와주세요.

01 풍선을 가장 많이 갖고 있는 동물은?

02 식탁에 있는 과일은 모두 몇 개일까?

03 곰이 벌써 선물을 4개나 풀어봤대! 그렇다면 처음에는 선물이 모두 몇 개였을까?

04 컵에 꽂혀 있는 빨대는 모두 몇 개일까?

05 원래는 샌드위치가 12개였단다. 하지만 벌써 몇 개를 꿀꺽 먹어버렸대. 그렇다면 동물들이 먹은 샌드위치는 모두 몇 개일까?

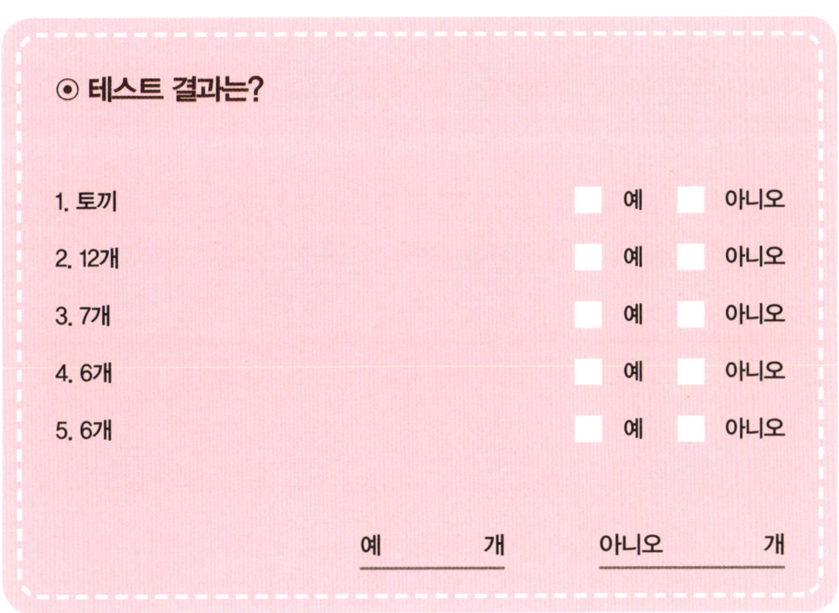

우리 아이는
숫자를 이해하는 능력이 뛰어난 아이!

'예'가 세 개 이상이라면 수학적 능력이 일정한 단계에 도달한 아이입니다. 조금 더 추상적으로 숫자를 이해할 수 있다는 의미지요. 눈앞에 물건이 없더라도 '2+2=4'라는 사실을 충분히 인지하고 있습니다.

'아니오'가 세 개 이상이라면 이제 막 수량에 해당하는 숫자를 배우는 단계의 아이입니다.

처음 숫자 세는 법을 배울 때는 동요처럼 기계적으로 외우지만, 만 5세쯤 되면 자신이 외운 숫자의 의미를 알게 됩니다. 더하기를 할 때는 손가락으로 실제 사물을 가리키며 셈하고, 빼기를 할 때는 물건을 치우며 셈하라고 알려주세요. 이 시기의 아이들이 연산 연습을 할 때 옆에서 격려해준다면 아이의 성장에 한층 도움이 된답니다.

수학 기술이 능숙해지기 위한 기본은 암산입니다. 만 4세에서 6세까지의 아이라면 한 자릿수의 덧셈과 뺄셈을 자신 있게 할 수 있지요. 아이들은 운동 경기에서 점수를 얻을 때, 또는 특별한 선물을 사기 위해 저금할 때 등 일상생활에서 항상 덧셈과 뺄셈을 할 수 있어야 하고, 또 익숙해져야 합니다.

이 테스트의 목적은 아이가 한 자릿수와 암산에 익숙해지도록 돕는 데 있습니다. 테스트를 시작하기 전에 그림을 보며 아이가 최근 참석했던 생일 파티에 대한 이야기를 나눠보세요. 테스트를 시작한 뒤에는 아이가 주의력을 잃지 않도록 중간중간 그림 속에서 서로 연관된 부분을 가리키며 도와주고, 아이에게 질문 내용을 확실히 이해시켜주세요.

♥ 이렇게 이끌어주세요 ♥

- 색색의 사탕이나 초콜릿, 젤리 등을 아이에게 색깔별로 분류하라고 시켜보세요. 어떤 색이 가장 많이 있는지 어림한 후, 색깔별로 직접 세어보게 합니다. 분류, 어림, 숫자 세기는 모두 수학적으로 아주 중요한 기술입니다. 분류해둔 사탕을 또다시 세어보게 해 숫자 놀이로 확장하세요. 아이들은 검산 과정을 거치며 두 번 세어봐도 수가 똑같다는 사실을 깨닫게 될 것입니다.
- 0부터 10까지 숫자를 적은 카드 11장과 '+, −, ='를 적은 카드 3장을 만드세요. 엄마와 아이가 14장의 카드를 서로 다르게 배열하여 많은 식을 만들어봅니다. 엄마의 선택에 따라 쉽거나 어렵게 만들 수 있습니다.

05 사탕이 잔뜩!

사탕이랑 젤리가 잔뜩 있어요! 사탕과 젤리를 가격별로 분류해보고 내가 좋아하는 것을 직접 사봐요. 엄마는 옆에서 지켜보며 아이가 사탕 값을 계산할 때 더하기나 빼기를 틀리지 않도록 도와주세요.

01 지금 가지고 있는 돈은 전부 얼마일까?

02 무얼 살까?

03 사탕, 젤리를 모두 사면 얼마를 내야 할까?

04 사탕과 젤리를 사고 남은 돈은 얼마일까?

⊙ **테스트 결과는?**

	예	아니오
아이가 무엇을 하고 있는지 이해했나요?	☐ 예	☐ 아니오
이 상황에서 수학을 즐겁게 이용했나요?	☐ 예	☐ 아니오
숫자를 이용할 때 자신감을 보였나요?	☐ 예	☐ 아니오
'시장 놀이'의 목적을 이해했나요?	☐ 예	☐ 아니오
테스트를 끝낸 뒤 숫자에 대한 관심이 커졌나요?	☐ 예	☐ 아니오

예 _____ 개   아니오 _____ 개

우리 아이는 연산 능력이 발달하고 수학의 중요성을 이해하는 아이!

'예'가 세 개 이상이라면 정말로 수학지능이 잠재되어 있는 아이입니다.

'아니오'가 세 개 이상이라면 아직은 수학지능을 갖추기 위해 도움이 필요한 아이입니다. 아이가 테스트에서 좋아하지 않았던 부분을 찾고, 개선 가능성을 알아보세요.

실생활에서 아이가 수학의 중요성을 느끼고, 수학이란 재미있는 것이라고 생각하도록 도와주는 좋은 방법은 바로 '시장 놀이'입니다. 예산을 정하고, 무엇을 살지 계획하고, 돈을 세고, 거스름돈을 받는 것 모두 중요한 수학 기술이랍니다.

 아이가 수학 연산을 자연스럽게 경험하도록 돕는 데 있습니다. 아이는 엄마와 사탕 가격을 매기고, 사탕을 가격별로 분류해 진열하고, 동전을 종류별로 정리하면서 숫자에 익숙해집니다. 또 좋아하는 사탕을 구입하면서 자연스럽게 더하기와 빼기를 하게 되지요. 이때 사탕과 거스름돈은 아이가 즐길 몫이랍니다.

♥ 이렇게 이끌어주세요 ♥

● 아이와 시장 놀이를 해요. 식탁에 물건을 진열하고, 아이는 주인 역할을 엄마는 손님 역할을 맡습니다. 엄마는 물건을 주문하고 아이에게 주문한 물건의 개수를 세어보게 하세요. 또 물건을 추가로 사고, 반품을 요구하는 다양한 활동으로 뺄셈도 연습시켜보세요.

● 종이 위에 신발을 올려놓고 아이에게 선을 따라 그리라고 하세요. 그리고 신발 윤곽선을 따라 오린 다음 A와 B 두 지점을 정하고, 그 사이의 거리가 몇 발자국인지 알아보세요. 아이 침대에서 욕실까지 혹은 식탁까지는 몇 발자국인가요?

06 숫자 찾기

세상은 숫자로 넘쳐나요. 좋아하는 사탕 가격도, 엄마 휴대전화 번호도 숫자로 돼 있어요.
그럼 숨어 있는 숫자를 찾아다녀 볼까요? 엄마는 숫자를 발견한 장소와 숫자의 의미를 아이가
적을 수 있게 해주세요.

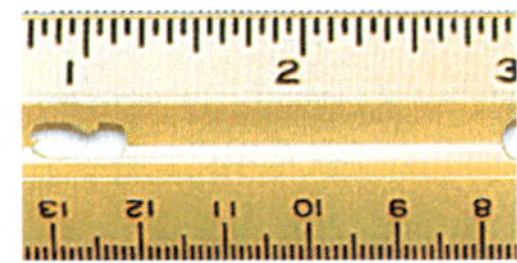

01 숫자를 찾아낸 장소를 적어보자.

02 이제는 사진 속의 숫자들을 볼까? 이 숫자는 어디에서 볼 수 있는지,
그리고 숫자가 무엇을 뜻하는 걸까?

⊙ **테스트 결과는?**

	예	아니오
아이가 무엇을 하고 있는지 이해했나요?	☐	☐
숫자 찾기를 즐겁게 했나요?	☐	☐
숫자와 숫자의 뜻에 대해 자신감을 보였나요?	☐	☐
일상생활에서 숫자 찾기를 하는 목적을 이해했나요?	☐	☐
테스트를 끝낸 뒤 숫자에 대한 관심이 커졌나요?	☐	☐

예 ____ 개   아니오 ____ 개

우리 아이는 수리 추리력이 뛰어나고 숫자 활용을 이해하는 아이!

'예'가 세 개 이상이라면 정말로 수학지능의 가능성이 잠재된 아이입니다. 아이가 찾아낸 결과를 탁자에 늘어놓고 숫자를 다시 한 번 세어보거나 표로 만드는 활동을 해보세요. 숫자로 표를 만들고 그 의미를 이해하는 것은 굉장한 수학 기술로, 훗날 학교 시간표나 여행 시간표를 볼 때에도 무척 도움이 된답니다.

'아니오'가 세 개 이상이라면 아직은 숫자 기술을 발달시키기 위한 격려가 조금 더 필요한 아이입니다. 리모컨이나 운동선수 유니폼에 있는 숫자, 주소나 전화번호의 숫자 등 기회가 될 때마다 숫자에 대해 이야기해보세요. 그리고 왜 이런 곳에 숫자를 사용한다고 생각하는지 아이에게 물어보고 더 많이 격려해주세요.

 아이가 일상생활에서 숫자의 의미와 중요성을 깨닫도록 돕는 데 있습니다. 테스트를 할 때 엄마는 아이와 함께 집 안 또는 동네를 돌아다니면서 아이가 눈에 보이는 모든 숫자를 찾을 수 있도록 도와주세요. 상품의 바코드와 세탁기의 번호판(다이얼), 라디오의 전자시계, 온도계, 자, 계산기, 시계 등에서 많은 숫자를 찾을 수 있습니다. 집 밖에서는 버스 번호, 집 주소 등이 있지요. 아이에게 숫자를 찾은 장소와 숫자의 의미 등을 기록하게 한 다음 영역을 확장시켜주세요.

숫자는 일상에서 아주 다양한 방식으로 활용되어 꼭 필요한 정보를 알려줍니다. 주소의 숫자 없이 집을 찾거나, 옷 가게에서 가격표의 숫자 없이 옷을 고르려면 얼마나 어려울지 생각해봅니다. 이 테스트를 통해 아이는 수학으로써의 숫자를 생활 속의 숫자로 자연스럽게 받아들이게 됩니다.

♥ 이렇게 이끌어주세요 ♥

- 아이의 키와 몸무게를 꾸준히 기록합니다. 아이가 직접 저울을 읽고 키를 측정하게 해주세요. 그리고 그 숫자를 특정 장소에 적어놓습니다. 시간의 흐름에 따른 아이의 성장 정도를 보여주는 그래프를 그리는 것도 좋은 방법입니다.
- 어림하는 것은 일상생활에서 중요하게 사용되는 수학적 기술입니다. 누구나 계산기를 사용할 때 깜빡 잊고 숫자 하나를 빼거나 잘못 누를 수 있기 때문이지요. 아이에게 유리병 안에 사탕이 몇 개나 들어 있을지, 지갑에 들어 있는 동

전은 얼마나 될지, 아이 방에서 가장 무거운 장난감은 무엇일지 등을 짐작해서 말하라고 해보세요.

내 아이는 언어지능이 뛰어난 아이?

아이의 언어지능을 파악하는 테스트는 어휘력·(자기)표현력·의사소통 능력을 확인할 수 있도록 구성되어 있습니다.

익숙한 어휘를 사용해 실제 생활에서 사용하는 말을 전달하는 테스트를 먼저 해보세요. 테스트 결과가 훨씬 좋게 나올 겁니다. 좋은 결과를 얻은 다음 부모님의 칭찬을 듬뿍 받으면 아이는 자신감이 생기게 되지요. 또 자신이 열심히 노력한 대가를 보상받았다는 기분도 느끼게 된답니다. 언어지능 테스트를 할 때 아이는 격려를 많이 받고 활동을 직접 해봐야 합니다.

이때 명심해야 할 점은 아이들은 대개 이야기하는 것을 좋아한다는 사실이지요. 그러므로 엄마가 진짜로 평가해야 할 항목은 아이의 대화 수준이 아니라, 아이가 실제로 사용하는 단어, 문구, 문장, 표현 등을 통해 드러나는 아이의 태도와 다양성이랍니다. 언어 소통의 재능이 있는 아이는 자신 있게 유머를 말하고, 폭넓고 다양하게 어휘를 사용하며, 표현 또한 자세하게 합니다.

여러 연구 결과에 따르면, 언어 발달이 빠른 아이들은 말과 글을 다양하고 풍요롭게 사용하는 집안 분위기 속에서 성장했다고 합니다. 집에서도 언어를 열심히 사용하게 하려면 아이 주변에 이야기책, 잡지 등의 인쇄물을 많이 두는 것이 좋답니다. 아울러 엄마가 좋은 역할 모델이 되어 책을 좋아하고 읽고 즐기는 모습을 보여주세요. 소리 내어 이야기를 읽을 때는 아이와 더 많은 상호작

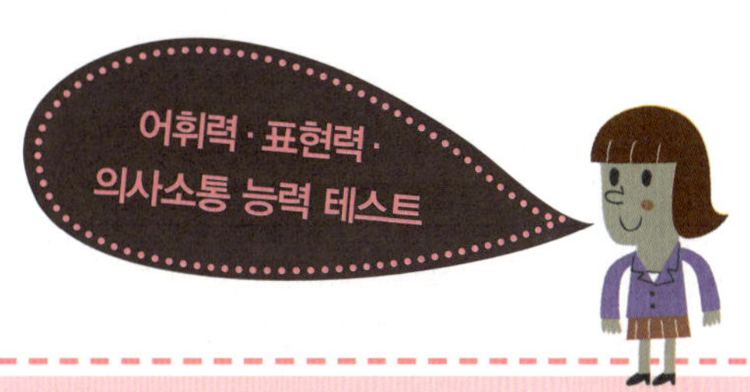

용을 할 수 있도록 노력해주시고요. 아이들은 집중력이 금세 흐트러지므로 비교적 짧은 이야기를 고르는 것이 좋습니다. 이야기를 읽다가 중요한 순간이 되면 잠시 이야기를 멈추고 아이에게 질문을 던져보세요.

아이에게 자기표현과 명확한 의사소통을 효과적으로 가르치려면 '무엇'보다는 '왜'를 많이 물어보는 것이 좋습니다. 특히 어릴 때는 언어를 숙달할 수 있도록 아이와 말할 상대가 있는 것이 중요합니다. 어떤 대화를 하던 아이와 활발한 상호작용을 하세요. 주변의 사물과 사람을 가리키고, 그 대상에 대해 의논하고 구분하고 분류하는 활동까지 자연스럽게 나아갈 수 있도록 합니다.

{ WHIZ KID }

● 언어의 마술사, 오프라 윈프리

오프라 윈프리는 1954년 1월 29일에 미국 미시시피 주의 작은 농촌 마을 코스키우스코에서 태어났습니다. 오프라는 할머니께 글 읽는 법을 배웠고, 할머니의 영향으로 사람들 앞에서 이야기하는 것을 좋아하는 아이로 자라났지요. 또 세 살 무렵부터 《성경》을 읽고 교회에서 공연을 했답니다. 텔레비전 토크쇼의 사회자이자 배우, 프로듀서로서 그녀의 경력은 이미 그때부터 시작된 셈이지요.

07 글자는 어디에?

엄마랑 같이 문제를 읽고 대답해보세요. 말로 해도 되고, 글로 써도 된답니다. 엄마는 아이가 질문의 뜻을 확실히 이해할 수 있도록 도와주세요.

01 다음 단어를 이용하여 올바른 문장을 완성해보자.

강아지 / 한 / 달려요. / 마리가

02 다음 단어에서 빠진 글자는 무엇일까?

(1) 불가　리
(2) 다　쥐

03 같은 글자가 있는 단어는 무엇 무엇일까?

A. 파랑　　**B.** 보다　　**C.** 먹다　　**D.** 노랑

 다음 단어 중에서 몸에 걸칠 수 있는 것은 무엇일까?

A. 모자　　　**B.** 낮잠　　　**C.** 양말　　　**D.** 그릇　　　**E.** 똑딱똑딱

05 다음 글자를 합하면 어떤 단어가 될까?

(1) 할 + 아버 + 지 = ?
(2) 놀 + 이 + 동산 = ?

⊙ **테스트 결과는?**

	예	아니오
1. 강아지 한 마리가 달려요.	☐	☐
2–(1). 사	☐	☐
2–(2). 람	☐	☐
3. A와 D, B와 C	☐	☐
4. A, C	☐	☐

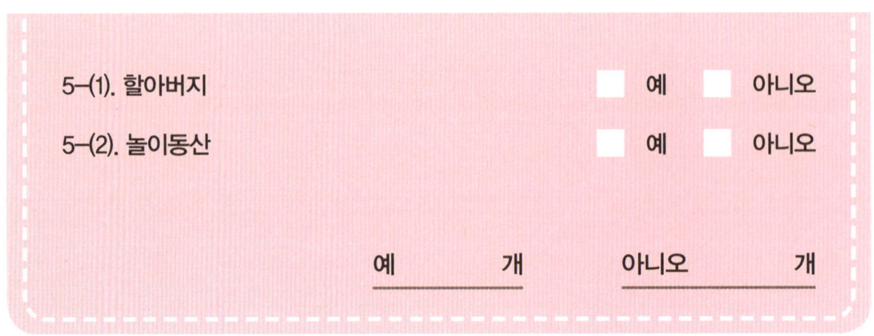

우리 아이는 어휘력이 뛰어나고
언어 감각이 탁월한 아이!

'예'가 세 개 이상이라면 실제로 사용할 수 있는 어휘력이 매우 풍부한 아이입니다. 아마 책 읽기를 좋아하는 아이일 거예요. 아이가 말로 대답했다면 글로 써보라고 격려해주세요. 아이가 글에 더 친숙해질 수 있답니다. '아니오'가 세 개 이상이라면 글자, 글자의 소리, 글자로 단어 만드는 법을 이제 막 배우기 시작한 아이입니다. 중요한 점은 단어를 재미있게 만드는 것이지요. 아이와 함께 첫 글자나 마지막 글자의 발음이 같은 단어 찾기 놀이를 해보세요. 가능한 기발하고 재미있는 발음의 단어를 많이 포함시켜 만들어보게 합니다.

단어와 철자는 언어의 기본 단위입니다. 이 기본 단위를 자신 있게 사용하는 능력이 바로 어휘력이지요. 아이가 글자마다 서로 다른 소리를 낸다는 사실과 문장 만드는 규칙을 잘 이해하고, 단어를 자신 있게 사용한다면, 더 복잡한 언어도 쉽게 익힐 것입니다.

이 테스트의 목적은 아이의 어휘력을 확인하고, 아이의 어휘력과 언어 능력을 더욱 확장하는 데 있습니다. 테스트를 할 때에는 아이와 함께 앉아서 설명을 잘 읽은 다음 아이에게 친절히 설명해주세요. 글자를 익힌 아이는 직접 글을 쓰게 하고, 아직 글자를 익히지 못한 아이는 말로 대답하게 해주세요. 글로 쓴다면 종이와 연필을 미리 준비해주시고요. 아이가 문제를 어려워하는 기색을 보인다면 다음과 같은 말로 몇 가지 힌트를 주세요.

♥ 이렇게 이끌어주세요 ♥

• 글자놀이 세트나 글자 블록을 준비한 다음, 모음과 자주 쓰는 자음(ㄱ, ㄴ, ㄷ, ㅁ, ㅅ, ㅇ 등)을 꺼냅니다. 작고 불투명한 봉투에 글자들을 넣고 아이에게 여러 개를 고르라고 하세요. 아이가 고른 글자들을 탁자 위에 늘어놓고 각각의 명칭과 발음을 이야기해줍니다. 그리고 아이가 그 글자들로 단어를 만들 수 있는지, 그 단어가 진짜로 있는 단어인지 아니면 무의미하게 늘어놓은 것인지 확인해주세요.

• 아이들 대부분은 자기 이름과 자기 이름을 구성하는 글자에 소유 의식을 느낍니다. 따라서 아이 자신의 이름에 있는 글자를 활용해보는 것도 좋습니다. 함께 밖으로 나가 간판이나 표지판 등을 보며 아이 이름에 있는 글자를 얼마나 많이 찾아내는지 확인해주세요.

08 소개해볼까?

아이에 대한 모든 걸 모아 스크랩북에 담아보세요. 엄마는 그림이나 물건에 아이가
직접 설명을 써 넣도록 도와주세요. 아이가 만든 스크랩북은 멋진 기념물이 됩니다.

01 '나'를 소개하는 자료를 모아볼까? 우리 식구, 내가 다니는
어린이집이나 유치원, 내가 좋아하는 것과 좋아하지 않는 것, 나의
취미, 내가 좋아하는 친구 등을 소개할 사진이나 그림을 찾아보자.

02 '가족, 휴일, 친구' 등 일정한 주제를 정해 모은 자료를 분류해보자.

자료를
스크랩북에
붙여보렴.

03 사진(또는 그림)에 대해 자세히 설명하고, 스크랩북에 써볼까?

*** 아직 글쓰기를 익히지 못했다면, 엄마가 써준 설명을 스크랩북에
옮겨 써보자.

내가 좋아하는
친구 ○○라고
사진 옆에 써볼까?

"글을 쓸 때 도움이 필요하다면 엄마에게 요청하렴. 그렇지만 어떤
내용을 쓸지 정하는 사람은 바로 '나' 자신이란 걸 잊으면 안 된단다."

⊙ 테스트 결과는?

	예	아니오
아이가 무엇을 하고 있는지 이해했나요?	☐	☐
자신의 생활을 설명하기 위해 모은 자료를 종류별로 나누고 분류하는 것을 즐겁게 했나요?	☐	☐
설명하고 글 쓰는 것을 쉽다고 생각했나요?	☐	☐
스크랩북 만들기의 목적을 이해했나요?	☐	☐
테스트를 끝낸 뒤 쓰기에 대한 관심이 커졌나요?	☐	☐

예 ____ 개   아니오 ____ 개

우리 아이는 표현력이 탁월하고 글쓰기 재능이 있는 아이!

'예'가 세 개 이상이라면 언어 기술이 발달하고 쓰기 재능도 있는 아이입니다. 이 재능은 아이가 학교에 들어가면 더욱 중요해집니다.
'아니오'가 세 개 이상이라면 지금은 언어 능력을 발달시키고 있는 과정의 아이입니다. 네다섯 살 무렵에는 언어지능이 빠르게 향상되는 시기로 엄마는 아이가 아주 짧은 시간 동안 얼마나 많이 발전하는지 깜짝 놀라고는 하지요. 네 살과 여섯 살의 언어 능력 차이는 엄청나니까요.

이 테스트의 목적은 아이의 표현력과 글쓰기 기술을 성장시키는 데 있습니다. 어른은 아이가 자기의 생각을 다른 사람이 알아볼 수 있게 글을 쓸 때, 그때 느끼는 기쁨이 어느 정도인지 제대로 알지 못한답니다. 비록 아이가 이제 막 글자를 배워서 보고 따라 쓰는 수준이거나 혼자 쓸 수 있는 단어가 간단한 것밖에 없을지라도, 혼자 글자를 쓴다는 데 뿌듯함을 느끼도록 도와주세요.

♥ 이렇게 이끌어주세요 ♥

● 아이만의 도서관을 만들어보게 하세요. 좋아하는 책 열 권을 고르고, 도서대출 카드에 책 제목과 지은이를 적어 책 안쪽에 끼우게 합니다. 책은 항상 상자 안에 보관하고, 아이가 책을 빌려 읽을 때는 대출 카드에 작은 '대출 도장'(문구점에서 구입할 수 있어요)을 찍습니다. 엄마와 아이가 번갈아 가면서 사서와 대출자가 되어보세요. 가까운 도서관으로 아이를 데려가 직접 책을 빌리게 하는

것도 좋은 방법이랍니다.

• 장보기 목록을 아이와 함께 만들어보세요. 엄마가 쓴 목록을 아이가 **따라** 쓰거나 직접 써보도록 합니다. 아이가 모르는 맞춤법은 엄마가 알려주세요.

09 단어 게임

엄마나 친구, 형제자매와 같이할 수 있는 재미난 단어 게임을 해보세요.
아래에 소개하는 게임을 즐겨도 좋고, 다양하게 변화시켜 시도해도 좋습니다.

01 시장에 가면

엄마 : 시장에 가면 딸기가 있고…

아이 : 시장에 가면 딸기가 있고, ＿＿＿＿＿＿ 가 있고…

엄마 : 시장에 가면 딸기가 있고, ＿＿＿＿＿＿ 가 있고, 단팥빵도 있고,

아이 : 시장에 가면 딸기가 있고, ＿＿＿＿＿＿ 가 있고, 단팥빵도 있고,

＿＿＿＿＿＿ 도 있고…

02 함께 이야기를 지어볼까?

엄마 : 놀이터에서 놀고 있던 어느 날이었어요. 그때

아이 : 그때 하늘에서 비행접시가 나타났어요. 그리고

엄마 : 그리고 비행접시에서 케로로가 내려왔어요. 그런데

아이 : 그런데 ＿＿＿＿＿＿＿＿＿＿＿＿＿＿＿＿

03 '뒤를 조심해!' 게임을 해볼까?

먼저 물건이나 동물 사진(또는 그림)을 찾아 오려서 준비한다. 술래를 정해 술래의 등에 그림을 하나 골라 붙이고 그림이 무엇인지 알아맞히는 놀이를 한다.

⊙ **테스트 결과는?**

	예	아니오
자신이 무엇을 하고 있는지 이해했나요?	☐ 예	☐ 아니오
게임을 즐겁게 했나요?	☐ 예	☐ 아니오
쉽게 말할 수 있는 것처럼 보였나요?	☐ 예	☐ 아니오
이 테스트의 목적을 이해했나요?	☐ 예	☐ 아니오
테스트를 끝낸 뒤 어휘가 늘었거나 큰 소리로 말하기를 더욱 열심히 하게 되었나요?	☐ 예	☐ 아니오

예 ____ 개   아니오 ____ 개

우리 아이는 의사소통 능력이 발달하고
이해력이 탁월한 아이!

'예'가 세 개 이상이라면 말을 아주 잘 이해하는 아이입니다. 아마 가족 간의 대화도 원활히 잘 이루어질 테지요. 아이는 말하기를 좋아하고, 자기 자신을 잘 표현합니다.

'아니오'가 세 개 이상이라면 아직은 게임이 어렵게 느껴질 수도 있는 아이입니다. 게임을 조금 더 쉽게 바꿔서 다시 시도해보세요. 중요한 점은 아이의 자신감을 키워주는 것이랍니다.

이 테스트의 목적은 아이가 말을 얼마나 이해하고 있는지, 말할 때 얼마나 자신 있게 발음하고 바르게 표현하는지 등 전체적인 구사력을 알아보는 데 있습니다. 말하기 능력은 자신 있고 유창하게 단어를 구사하는 능력을 알아보는 발음이나 문법적 실수와는 큰 관계가 없습니다. 아이가 언어 구사력을 키울 수 있는 유일한 방법은 잘못을 고쳐줄 수 있는 사람 앞에서 가능한 자주 말하는 것입니다. 구사한 단어나 표현이 올바른지 봐주고, 아이가 자신 없어하더라도 똑똑히 발음해보라고 항상 격려해주세요.

세 개의 테스트 가운데 처음 두 가지는 특별한 재료나 도구가 필요 없으므로, 언제 어느 때나 해도 좋답니다. 앞서 소개한 방식으로 게임을 해도 좋지만, 다양하게 변형시켜서 해보는 것도 재미있지요. 또 아이가 아직 게임을 낯설어한다면 다음과 같은 방법으로 변형해도 좋습니다.

01 시장에 가면: 앞에 나왔던 물건들을 반드시 기억하지 않아도 됩니다. 그때그때 새로운 이름만 말하면 되지요.

02 함께 이야기 짓기: 엄마가 먼저 줄거리를 짠 다음, 아이에게 전체 문장이 아닌 단어 몇 개를 추가하게 해주세요.

03 뒤를 조심해!: 아이에게 그림(또는 사진) 하나를 고르게 한 뒤, 그림을 설명하여 상대방으로 하여금 이름을 알아맞히게 해보세요.

♥ 이렇게 이끌어주세요 ♥

• 자녀와 매일 적당한 대화 시간을 가져보세요. '주말에는 무얼 해야 할까?', '네 몸에 가장 좋은 음식은 뭘까?'처럼 아이에게 열린 질문을 던집니다. 유치원 (또는 어린이집)이나 학교에서 일어났던 일을 캐묻는 듯한 질문은 피해주세요.

• 아이와 함께 사람들을 만날 때마다, 아이에게 그 사람과 이야기해보라고 격려해주세요. 아이는 새로운 사람과 대화하면서 억양이 강하거나 낯선 단어를 쓰는 사람과 의사소통하는 데 익숙해진답니다. 이 방법은 아이의 어휘력을 늘려줄 뿐 아니라 사회성도 향상시켜 주지요.

• '스무고개'처럼 인기있는 다른 게임들도 시도해보세요. 차 안에서, 또는 아이와 같이 있는 여가 시간을 유익하게 보낼 수 있는 좋은 방법입니다.

내 아이는 음악지능이 뛰어난 아이?

테스트를 시작하기 전에 아이에게 음악은 재미있는 것이라고 먼저 일러주세요. 아이 스스로 음악을 즐길 수 있어야만 음악지능이 밖으로 드러날 수 있답니다.

음악지능의 4대 영역은 다음과 같습니다.

- **음감 능력**: 높은음부터 낮은음까지 음을 구분하고 알아내는 능력
- **리듬감 능력**: 음악의 박자를 느끼고 만들어내는 능력. 곡 전체의 연주 시간을 잴 때도 사용됨.
- **감상 능력**: 음악을 잘 듣고 음악에 담긴 내면세계를 이해하는 능력
- **작곡 능력**: 목소리나 악기를 이용해서 음악을 만들어내는 능력

테스트를 하는 동안 콧노래를 부르거나 멜로디를 쉽게 기억하는 아이라면 음악지능이 있을 가능성이 아주 높답니다. 그러나 음감과 리듬감의 개념은 어린아이가 이해하기 어려울지도 모릅니다. 차근차근 시간을 들여 음감과 리듬감을 공부하고, 아이가 이해할 수 있도록 도와주세요.

사람은 누구나 태어날 때부터 음악을 사랑합니다. 그렇지만 '난 노래에 소질이 없어'라거나, '난 악보를 못 봐'라며 아이가 자신 없어 하는 경우가 있습니

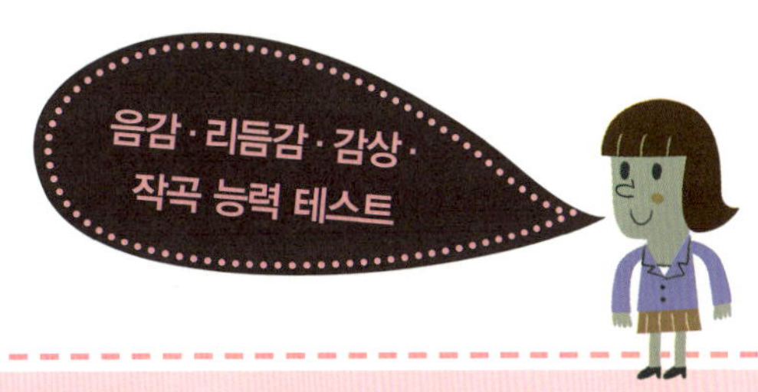

다. 만약 자녀가 이렇게 생각하는 듯싶다면 부모님이 아이를 북돋아주세요. 아이가 그와 같은 부정적인 생각을 떨쳐버리고 음악에 자신감을 가질 수 있게요.

가정에서 아이의 음악지능을 높일 방법은 많습니다. 그중에는 악기가 필요한 방법도 있지만 노래처럼 필요 없는 방법도 있습니다. 악기를 연주할 기회가 생긴다면 그 기회를 최대한 활용하라고 격려해주세요. 또 아이가 참가할 수 있는 지역 오케스트라나 밴드를 찾아서 연주 기회를 늘려주세요. 노래를 좋아하는 아이라면 지역 합창단이나 학교 합창단에 들어가도 좋답니다.

{ WHIZ KID }

● 세기의 음악 신동, 볼프강 아마데우스 모차르트

1756년 오스트리아의 잘츠부르크에서 태어난 볼프강 아마데우스 모차르트는 비범하기 그지없는 음악 천재였습니다. 세 살 때 이미 바이올린을 연주했고, 다섯 살 때부터는 작곡을 했지요. 1763년 모차르트는 첫 작품을 발표했고, 파리에서 선풍적인 인기를 끌었답니다. 절대음감의 소유자였던 그는 열네 살 때 시스티나성당에서 알레그리의 《미제레레》를 듣고 악보에 옮겨 적었는데, 단 한 번 듣고 악보에 옮긴 것이라고 합니다. 그러나 모차르트는 안타깝게도 서른다섯 살의 젊은 나이에 방대한 작품을 남기고 숨졌습니다.

딩! 동! 댕!

10

모든 소리에는 저마다 높고 낮은 음높이가 있다는 사실을 알고 있나요?
이번 테스트는 아이가 어떤 소리가 높은지, 어떤 소리가 낮은지 구분할 수 있는지 알아봅니다.
엄마는 유리잔 세 개와 물 그리고 작은 숟가락을 준비해주세요.

음이 같은지 다른지 알아맞혀 보자.

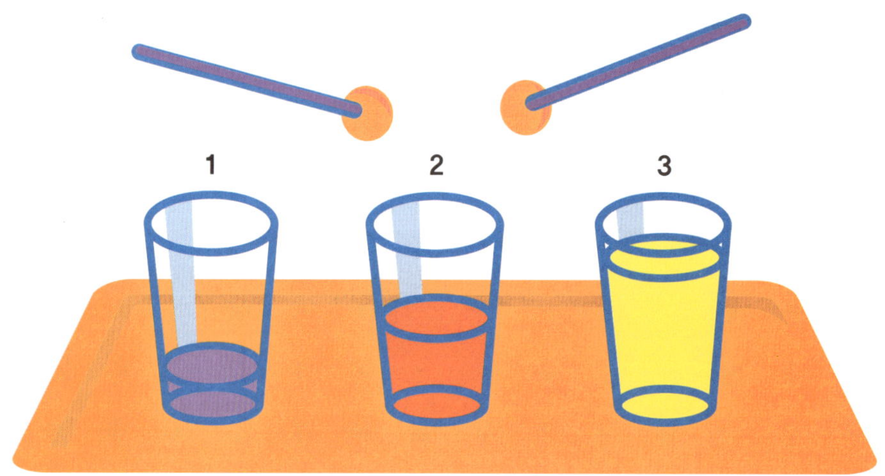

준비 1 유리잔에 물의 양이 다르게 붓는다.

준비 2 유리잔이 보이지 않게 등을 돌리고 앉게 하고, 유리잔 '1'을 쳐서
소리를 내고, 잠시 뒤에 유리잔 '2'도 살짝 쳐서 소리를 낸다.

준비 3 두 음이 같은지 다른지 맞혀보게 한다.

*** 앞에서 했던 것처럼 '1과 3', '2와 1', '2와 3', '3과 1' 이런 식으로 번갈아
가면서 유리잔을 쳐 세 음을 비교할 수 있게 한다.

우리 아이는
음감을 타고난 아이!

'예'라고 대답했다면 음감이 무척 뛰어난 아이입니다. 어쩌면 아이는 노래 부르기나 음악 듣기를 좋아하는 등, 자신이 음악을 좋아한다는 표시를 은연중에 보이고 있었을지도 모릅니다. 아이의 뛰어난 음감이 완벽해질 때까지 지속적으로 발달시켜주세요.

'아니오'라고 대답했다면 음감이 평균 수준인 아이입니다. 아이는 3개의 음이 어떻게 다른지 잘 모르겠다고 생각할 수도 있어요. 음감이 음악지능의 중요한 부분이긴 하지만, 이 밖에도 음악지능을 향상시킬 방법은 많답니다.

이 테스트의 목적은 아이의 음감을 발견하고, 선천적 음감과 음악지능을 키워주는 데 있습니다. 음감은 소리가 높은지 낮은지를 알아듣는 음악지능입니다. 악기를 연주하면 악기 주변의 공기가 진동합니다. 귀는 그 진동을 포착하고, 뇌는 그 진동을 소리로 해석하지요. 진동이 꾸준히 이어지면 사람은 그 진동을 '음'으로 듣습니다. 진동이 빠르면 높은음으로, 진동이 느리면 낮은음으로 듣는 것이지요. 음의 높낮이를 아는 것은 음악지능 중에서 매우 중요한 부분입니다. 때로는 음높이가 달라도 구분하지 못하거나, 음의 변화를 듣지 못하는 '음치'도 있답니다.

♥ 이렇게 이끌어주세요 ♥

• 아이와 함께 집 안 여기저기를 돌아다니며 물을 담을 만한 각기 다른 용기 다섯 개를 찾아보세요. 주전자나 꽃병, 양동이도 괜찮답니다. 그리고 다섯 개의 용기에 물을 담아보세요. 아이에게 물을 담아둔 용기의 가장자리를 숟가락으로 쳐보라고 합니다. 그다음 낮은음부터 높은음까지 차례대로 용기를 늘어놓으라고 해보세요. 아울러 각 용기에서 나는 음으로 노래를 연주해보는 것도 음악지능 계발에 좋답니다.

• '곡 알아맞히기' 놀이를 해보세요. 잘 알려진 자장가나 민요를 아이와 엄마가 번갈아 가며 허밍으로 부르고, 서로 어떤 노래인지 맞혀보는 놀이입니다. 〈반짝반짝 작은 별〉, 〈깊은 산속 옹달샘〉, 〈루돌프 사슴 코〉처럼 엄마와 아이가 함께 아는 노래를 연주하는 것이 좋습니다.

11 노랫말 바꿔 부르기

〈반짝반짝 작은 별〉처럼 잘 알고 있는 노래에 맞춰서 새로운 노랫말을 지어볼까요? 좋아하는 사람의 이름이나 먹고 싶은 음식 등 무엇이든 넣을 수 있답니다. 엄마는 아이가 각 행의 첫 단어나 마지막 단어의 운을 맞출 수 있도록 도와주세요.

01 〈반짝반짝 작은 별〉 노랫말을 바꿔 불러보자.

반짝반짝작은별아름답게비치네

엄마 : 나는딸기가좋아나는딸기가좋아

아이 : ＿＿＿＿＿＿＿＿＿＿＿＿＿＿＿＿

서쪽하늘에서도동쪽하늘에서도

엄마 : 빨갛고예쁜딸기새콤달콤한딸기

아이 : ＿＿＿＿＿＿＿＿＿＿＿＿＿＿＿＿

02 〈생일 축하합니다〉 노랫말을 바꿔 불러보자.

생일축하합니다생일축하합니다

엄마 : 천둥소리들리네큰소리가들리네

아이 : ＿＿＿＿＿＿＿＿＿＿＿＿＿＿＿＿

사랑하는당신의생일축하합니다

엄마 : 후루루루비소리우루루루큰소리

아이 : ＿＿＿＿＿＿＿＿＿＿＿＿＿＿＿＿

{ **SMART GUIDE** }

우리 아이는
리듬감이 뛰어난 아이!

'예'가 세 개 이상이라면 리듬감이 발달하고, 박자에 맞춰 춤추고 박수 치는 것을 좋아하는 아이입니다. 리듬감이 뛰어나다는 것은 음악 지능이 뛰어나다는 의미지요.

'아니오'가 세 개 이상이라면 아직 리듬감이 드러나지 않은 아이입니다. 즐거운 음악에 맞춰 같이 춤을 추거나 박수를 쳐보며 아이를 격려해주세요. 리듬감이 좋은 아이는 사교성이 좋을 가능성도 높답니다.

리듬은 음악의 박자를 의미합니다. 좋아하는 노래에 맞춰 자기도 모르게 몸을 흔들거나 발을 가볍게 두드린다면, 몸이 먼저 리듬을 느끼고 반응한다는 뜻이랍니다. 리듬과 음감은 음악의 핵심이므로 리듬감 역시 음악지능의 핵심이지요.

이 테스트의 목적은 아이가 선천적으로 타고난 리듬감을 발견하고, 아이의 지능을 한층 더 발달시키는 데 있습니다. 유명한 노래나 곡조에 맞춰 새로운 노랫말을 짓는 이번 테스트는 아이도 놀이처럼 재미있게 받아들이는 활동입니다. 아이가 좋아하는 스포츠나 스포츠 스타 등 원하는 내용으로 자유롭게 풀어낼 수 있도록 해주세요. 예를 들어 '민이 축구를 해요…'처럼 말이지요. 아이가 새로운 노랫말을 지을 때는 리듬 속의 박자 수를 생각할 수 있도록 잘 유도해주세요. 또 단어의 운을 맞춰 운율감을 살리도록 도와주세요. 음절 하나하나가 각각의 박자이므로, 음절에 주의를 기울여야 한답니다.

♥ 이렇게 이끌어주세요 ♥

• 대부분의 클래식 음악은 아주 질서정연하고 박자가 잘 맞아떨어지는 리듬으로 작곡되었습니다. 각각의 음길이가 서로 정확하게 배수로 진행하거나 정확하게 분할되지요. 많은 미국 음악은 리듬이 드럼용 리듬과 보컬용 리듬으로 나뉘어 있습니다. 또 아프리카의 음악은 여러 가지의 리듬이 동시에 연주되는 폴리리듬이지요. 아이와 함께 다양한 문화권의 음악을 들어보며 다양한 리듬을 찾아보세요.

• 아이에게 스마트폰이나 녹음기를 이용해 일상 속에서 찾을 수 있는 리듬을

녹음해보라고 하세요. 집 안 여기저기를 다니면서 귀를 기울여보면 세탁기 돌
아가는 소리나 전화벨 소리 등을 들을 수 있답니다. 또 집 밖에서는 새소리, 거
리에서 들리는 공사 소리, 철로를 덜컥거리며 지나가는 기차 소리 등을 들을
수 있지요.

12 음악을 느껴봐

한 곡은 행복하고 사람을 들뜨게 하는 음악으로, 다른 한 곡은 우울하고 슬픈 음악으로 고르세요. 두 곡을 듣고 다시 한 번 더 들어보세요. 그리고 아이와 함께 두 곡에 담긴 각각의 감정에 대해 대화를 나눠봅니다.

01 두 음악을 들어보니 느낌이 어떠니?

02 음악을 들었을 때 어떤 기분이 들었니?

03 (노랫말이 있다면) 노랫말은 음악에서 어떤 역할을 할까?

04 이 음악이 무엇을 말하고 싶어 할까?

05 음악을 들었을 때 떠오르는 것이 있었니?
　　 다른 노래나 음악을 들었을 때도 이런 경험을 해보았니?

⊙ **테스트 결과는?**

자신이 무엇을 하고 있는지 이해했나요?	☐ 예	☐ 아니오
음악을 듣고 음악에 대해 즐겁게 이야기했나요?	☐ 예	☐ 아니오

음악을 정확하게 설명할 수 있는 것처럼 보였나요?　　□ 예　□ 아니오

이 테스트의 목적을 이해했나요?　　□ 예　□ 아니오

테스트를 끝낸 뒤 음악 듣기에 대한 관심이

커졌나요?　　□ 예　□ 아니오

예　　　개　　　아니오　　　개

우리 아이는 음악적 감수성이 풍부하고 음악에서 행복을 찾는 아이!

'예'가 세 개 이상이라면 음악을 아주 적극적으로 잘 감상하는 아이입니다. 또 음악지능이 있다는 확실한 표시지요. 성인이 된 후에도 음악으로 생활의 큰 즐거움을 누릴 수 있는 능력입니다.

'아니오'가 세 개 이상이라면 아직 어리기 때문에 음악을 의사 전달의 형식으로써가 아니라, 그냥 음악 자체를 좋아하는 아이입니다. 음악에 대한 본질적인 애정을 격려해주다 보면 어느새 음악을 더욱 깊이 감상할 줄 아는 아이로 성장한답니다.

이 테스트의 목적은 아이에게 음악의 정서적인 측면을 이해하고, 음악의 즐

거움과 적극적인 음악 감상의 즐거움을 알려주는 데 있습니다. 아이가 조용히 앉아 있을 듯한 시간대에(아마도 하루를 정리하고 마감할 즈음일 테지요) 따로 시간을 마련해보세요. 음악은 대개 느낌이나 감정을 표현하거나 불러일으키기 위해 만듭니다. 그리고 이와 같은 목적은 멜로디와 가사에 반영되지요. 그러므로 음악지능은 감정지능(자기성찰지능)과도 밀접하게 관련된답니다. 또 어른 아이 할 것 없이 누구나 자신의 생각과 감정을 들여다볼 수 있는 개인적인 수단이 되어주지요.

♥ 이렇게 이끌어주세요 ♥

● 아이에게 다양한 장르의 음악을 들려주세요. '재즈, 팝, 힙합, 댄스, 클래식, 컨트리, 가스펠, 레게, 록' 등 장르별로 몇 가지씩 선곡합니다. 그 음악들을 틀고 직접 감상하며 장르별 특징을 설명해주세요. 그리고 아이가 좋아하는 장르와 좋아하지 않는 장르가 무엇인지, 이유는 무엇인지에 대해 이야기를 나눠보세요.

● 음악을 직접 들을 수 있는 곳에 아이를 데려갑니다. 가수와 연주자 들이 노래와 연주로 자신을 표현하는 모습을 보여주세요. 박람회나 축제, 공원, 지역 학교 등에서 개최하는 무료 공연을 즐겨보는 것도 좋답니다.

13 나도 음악가

'바이올린'과 '활'을 만들어볼까요? 아주 간단하게 만들 수 있는 방법이 있답니다.
엄마는 다 쓴 티슈 상자와 새 연필 한 자루, 고무줄 여섯 개를 준비해주세요.

01 다섯 줄에서 나는 소리는 어땠니? 모두 같았니, 아니면 달랐니?

준비 1 속이 빈 티슈 상자에 고무줄 다섯 개를 끼워보자. 고무줄이 상자 구멍
위를 가로지르게 끼워야 한다.

준비 2 고무줄을 쭉 늘인 다음 연필의 꼭지 부분에서 연필심 부분까지
끼운다.

준비 3 활을 바이올린에 가져다 대고 고무줄 현을 하나씩 켜보자.

준비 4 손가락으로 고무줄 현을 하나씩 뜯어보자.

02 활로 켤 때와 손으로 뜯을 때의 소리가 다르게 느껴졌니?

03 바이올린 고무줄 현 다섯 개의 길이와 두께를 모두 다르게 한 다음,
다시 활과 손가락으로 소리를 내보자. 소리가 어떻게 달랐니?

 바이올린의 고무줄을 손가락으로 눌러서 퉁겨보자.
고무줄에서 어떤 소리가 들렸니?

⊙ **테스트 결과는?**

자신이 무엇을 하고 있는지 이해했나요?	☐ 예	☐ 아니오
소리를 내는 것을 즐겁게 했나요?	☐ 예	☐ 아니오
음이나 곡조를 만들 수 있는 것처럼 보였나요?	☐ 예	☐ 아니오
이 테스트의 목적을 이해했나요?	☐ 예	☐ 아니오
테스트를 끝낸 뒤 음악 만들기에 대한 관심이 커졌나요?	☐ 예	☐ 아니오

예 ______ 개   아니오 ______ 개

{ **SMART GUIDE** }

우리 아이는 음악성이 풍부하고 작곡 재능을 지닌 아이!

'예'가 세 개 이상이라면 작곡에 재능이 있는 아이입니다. 아이를 어린

이 음악 단체에서 활동하게 해주거나, 음악 수업을 듣게 해주는 등 타고난 재능을 더욱 키울 수 있도록 도와주세요.

'아니오'가 세 개 이상이라면 혼자 힘으로 작곡할 수 있다는 사실을 아직 깨닫지 못한 아이입니다. 혹은 아이의 음악지능이 다른 방면으로 발달했을 수도 있지요.

이 테스트의 목적은 아이가 혼자 힘으로 어떤 소리를 만들어낼 수 있는지 음악적 측면을 알아보는 데 있습니다. 따라서 아이가 얼마나 바이올린을 잘 만들었느냐가 아닌, 얼마나 소리를 알아듣고 만들어냈느냐에 초점을 맞춰야 하지요. 이 테스트를 할 때에는 주변에서 시끄러운 소리가 들리지 않도록 신경 써주세요. 아이가 바이올린과 활을 만들면, 활로 '줄'을 켜며 이 소리 저 소리를 내보고 스스로 들어보는 것이 중요하니까요.

노래 부르거나 악기 연주는 필시 음악지능을 가장 확실하게 발달시킬 수 있는 방법일 것입니다. 이 두 가지는 음악지능을 생각할 때 제일 먼저 떠오르는 기술이지요. 아이가 이미 악기를 연주할 줄 알거나 합창단(혹은 어린이 합창단)에서 노래한다면, 엄마는 아이의 '음악성'이 있는지 알고 있을 겁니다. 하지만 라디오에서 나오는 노래를 따라 부르거나 드럼 치듯이 손으로 테이블을 두드리는 아이들의 행동 역시 작곡 재능이 있다는 사실을 증명하는 것이랍니다.

♥ 이렇게 이끌어주세요 ♥

• 음악을 연주하거나 작곡하려면 먼저 음악을 들어봐야 합니다. 텔레비전을 보는 대신 음악을 듣거나, 차 안에서 음악을 따라 부르게 해주세요. 음악은 아이가 직접 골라야 한답니다. 음악은 사고와 집중력, 기억력 강화에도 도움이

된다고 합니다.

● 아이와 함께 다른 악기들도 직접 만들어보세요. 양동이나 화분은 드럼으로, 플라스틱 병에 콩을 넣으면 마라카스가 만들어집니다. 또 빈 병을 입에 대고 입김을 불면 호른을 연주하는 것과 같은 효과도 낼 수 있지요. 이렇게 만든 악기로 온 가족이 즉흥 연주회를 열어보는 건 어떨까요?

내 아이는 공간지능이 뛰어난 아이?

우리 아이의 공간지능을 찾아내는 이번 테스트는 다중지능이론을 바탕으로 아이의 숨겨진 미술지능을 파악합니다. 공간 추리력·평면감·입체감·공간 상상력 네 분야를 평가하며, 아이마다 서로 다른 결과가 나타날 겁니다. 아이에 따라 타고난 재능의 분야는 각기 다르며, 네 가지 모두를 타고났을 수도 한두 가지만 타고 났을 수도 있습니다. 타고난 부분은 더욱 강화시켜주고, 부족한 부분은 최대한 성장시켜주세요.

- **공간 추리력**: 시각적 문제를 충분히 생각하고 해답을 도출하는 능력
- **평면감**: 마음속에서 2차원적으로 그리는 능력
- **입체감**: 마음속에서 3차원적으로 물체를 조작하는 능력
- **공간 상상력**: 2차원에서 자신의 위치를 똑바로 알고, 갈라지는 길(미로) 또는 한 번 방향을 바꾸었다가 돌아가는 길(미궁)을 통과하여 목적지까지 가는 길을 찾는 능력

아이의 '공간지능'을 발달시키려면 아이를 사물의 시각적 측면에 집중시켜주세요. 아이는 많은 시간을 언어로 학습하기 때문에, 시각적인 환경에서 지낼 때 특히 편안해질 수 있습니다. 난독증이 있는 아이 중에는 아주 뛰어난 미술

지능을 가진 아이가 있다는 사실이 밝혀지기도 했지요.

아이의 시각적 인식 능력을 더욱 키워주기 위해서는 상상력을 자극할 수 있는 예술적 요소로 집 안을 채우고, 학습에 적합한 환경으로 꾸며줘야 합니다. 텔레비전을 끄고 아이와 함께 그림을 그리거나 모형을 만들어보세요. 이런 활동을 할 때는 아이가 주도해야 한답니다.

테스트에 앞서 아이들에게 공간지능이 일상생활에서 어떻게 이용되는지 설명해주세요. 그리고 공간지능이 있는 사람은 어떤 직업에 종사하는지 이야기해주세요. 건축가, 디자이너, 엔지니어, 예술가, 건축가 모두 창조적인 활동에 공간지능을 활용하는 직업이랍니다.

아이가 어리다면 2차원에 초점을 맞추고, 3차원은 아이가 개념을 충분히 이해할 만큼 큰 뒤에 가르치세요. 이때는 상자를 활용합니다. 아이에게 머릿속으로 상자를 떠올리게 한 다음, 상자의 윗면과 뒷면을 보고 또 그 밖에 여러 각도에서 볼 수 있도록 '돌려보라'고 권해보세요. 이렇게 하는 목적은 테스트를 통해 알아보는 사고의 종류를 설명하기 위해서입니다.

어린아이들은 미술 활동을 좋아하겠지만, 공간 추리력 테스트는 어렵게 여길 수도 있습니다. 공간지능을 찾는 테스트들은 상당히 개념적이므로, 아이들이 활동을 이해하기 어려울 수도 있답니다. 아이가 그리지 못하겠다고 불평을 하거나, 능숙하게 그리지 못할 때는 먼저 자신감을 심어주세요. 누구나 어느 한쪽 면에는 공간지능이 있으므로, 엄마는 아이에게 어떤 공간지능이 있는지 파악해야 한답니다.

테스트를 할 때는 시각적, 공간적 요소에 초점을 맞춰주세요. 그러므로 아이가 깔끔하게 그려내지 못해도, 만들기를 하면서 주변을 어질러놓아도 너무 신경 쓰지 마시고요. 그리고 아이가 스스로 자신이 무엇을 하는지 분명하게 알고 있는지 자문해보세요.

● 공간 상상력이 탁월한 화가, **파블로 피카소**

1881년 스페인의 말라가에서 태어난 파블로 피카소는 아버지가 미술 선생님이었습니다. 그래서 어린 나이부터 그림을 그리기 시작했고, 여덟 살 때 첫 유화 작품인 〈기마 투우사〉를 그렸답니다. 1895년 가족들과 함께 바르셀로나로 이사해 라 론하 미술학교에서 공부를 했고, 1900년에는 첫 전시회를 개최했지요.

피카소의 공간지능 중에서도 특히 빛난 것은 3차원 작업 능력이었습니다. 그는 발레나 공연 작품들을 공동 작업하기도 했고 조각에도 능했지요. 회화, 데생, 도자기, 조각 등 많은 작품을 남겼답니다.

14 뒤집어봐

아래의 그림들을 꼼꼼히 살펴보세요. 같은 모양이라도 다른 방향에서 보면 다르게 보여요. 엄마는 아이에게 질문을 잘 이해시키고, 중간 중간에 힌트를 주거나 그림과 관련된 부분을 가리키며 아이가 주의력을 잃지 않도록 도와주세요.

01 이 그림은 어떤 글자일까?

A

B

C

02 다음의 A, B, C 가운데 보기에서 찾을 수 있는 모양은 무엇일까?

 보기 

A

B

C

03 다음 A, B, C 중에서 나머지 둘과 다른 하나는 무엇일까?

A

B

C

04 이 그림에 있는 삼각형은 모두 몇 개일까?

1 **2** **3** 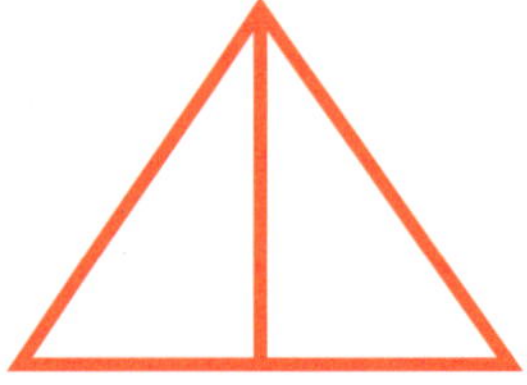

A　　B　　C

05 보기의 원뿔을 펼치면 어떤 모양이 나올까?

보기 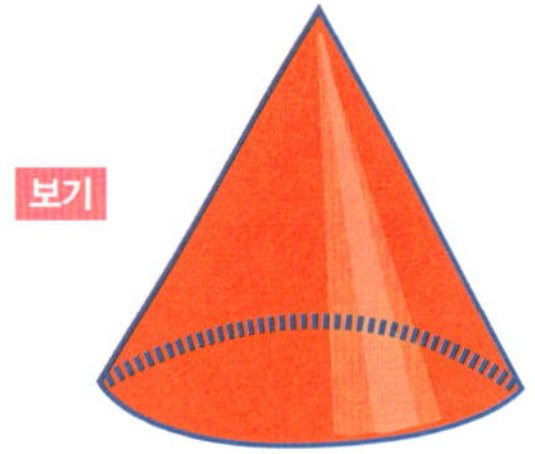

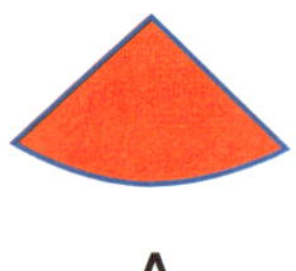  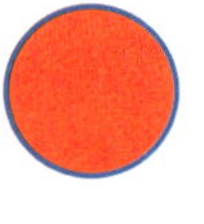

A　　　B　　　C

⊙ 테스트 결과는?

		예	아니오
1. C		☐	☐
2. C		☐	☐
3. A		☐	☐
4. C		☐	☐
5. A		☐	☐

예 ____ 개   아니오 ____ 개

{ SMART GUIDE }

우리 아이는 공간 추리 능력이 뛰어나고 시각적 감각이 빛나는 아이!

'예'가 세 개 이상이라면 공간 추리 감각이 있고 시각적 요소가 강한 게임을 즐길 수 있는 아이입니다. 아이가 학습할 때 시각적 보조물을 잘 활용해 이 지능을 극대화해주세요.

'아니오'가 세 개 이상이라면 지금부터 생활의 경험을 통해 멀리서 사물을 볼 수 있는 능력을 길러야 하는 아이입니다. 사람은 누구나 어떤 면에서든 공간지능이 있으므로, 이 아이의 강점은 창조적 예술 감각일 수도 있답니다. 또 이제 막 싹트기 시작한 발명가일 수도 있지요.

공간 추리력은 마음속에서 어떠한 모양을 그려보고, 그것을 어떻게 움직일지 또는 변형시킬지 상상할 수 있는 능력입니다. 그 모양은 2차원 또는 3차원으로 존재하는데, 일반적으로 3차원에서 조작하는 것이 더 어렵지요.

이 테스트의 목적은 아이가 상상 속에서 모양을 그리고 변화를 만들 수 있는지 알아보고, 잠재된 공간 추리력을 이끌어내는 데 있습니다. 아이의 논리지능을 찾을 때 추론을 이용하여 문제 해결 방법을 고민했던 것처럼, 모양과 공간을 이용한 추론도 가능합니다.

예를 들어 바나나를 옆에서 본다면 다리처럼 보일 수도 있고, 똑바로 세워 들면 초승달처럼 보일 수도 있습니다. 모든 사물, 평면 위의 그림도 마찬가지이지요. 테스트를 할 때 아이에게 질문을 잘 이해시켜주고, 아이가 어려워할 때는 다음과 같은 몇 가지 힌트를 주세요.

♥ 이렇게 이끌어주세요 ♥

• 아이와 함께 빙고, 바둑, 오목 등 시각적 요소가 포함된 2차원 또는 3차원 게임을 해봅니다. 이런 게임은 공간지능뿐 아니라 논리지능도 함께 발달시켜주지요.

• 만화 캐릭터처럼 아이가 좋아하는 이미지를 두꺼운 도화지에 붙이세요. 그리고 일정하지 않은 모양으로 오려서 나만의 지그 퍼즐을 만들어보세요. 아이와 퍼즐을 같이해도 되고, 아이와 엄마가 각각 퍼즐을 만든 다음 서로의 퍼즐로 맞추기를 해도 된답니다.

15 신기하게 그리기

다음에 나오는 세 가지 미술 활동 가운데 마음에 드는 것을 골라 해보세요.
한두 가지를 해도 되고, 세 가지를 모두 해도 된답니다. 엄마는 아이에게 각각의 활동을
잘 설명해주고, 아이가 어떤 활동을 할지 결정하면 활동에 맞는 재료를 준비해주세요.

01 테스트: 아이가 자연에서 모아온 수집품을 전시할 수 있는 쟁반이나 바닥이 평평한 그릇
02 테스트: 페이스 페인팅용 물감, 붓, 메모지, 연필, 거울
03 테스트: 돋보기, 쌍안경 또는 망원경

01 자연에서 발견한 문양을 말해보자.

"조개껍데기, 나뭇잎, 솔방울, 꽃, 나무껍질처럼 형태와 모
양이 서로 다른 자연물을 모아 오자. 그리고 쟁반도 가져올
까? 모아놓은 것들로 쟁반 위에 새로운 모양을 만드는 거야.
어떤 것을 만들어낼지 꼼꼼히 생각하고 주의를 기울이렴. 그
리고 모아놓은 수집품에 대해 설명해보자."

02 얼굴에 그림을 그려보자.

"얼굴에 무엇을 그릴지 작은 종이에 먼저 그려보자. 나비,
어릿광대, 호랑이, 베트맨은 어떨까? 좋아하는 거라면 뭐든
다 좋단다. 거울 앞에 서서 얼굴에 그림을 그려볼까? 엄마 얼
굴에 그려줘도 좋을 거야."

03 돋보기로 보면서 그려보자.

"딸기, 단추, 병뚜껑처럼 작은 물건을 고른 후 그 물건을 연필로 그려보자. 그리고 같은 물건을 돋보기로 다시 보고, 돋보기로 본 모습을 다시 한 번 그려보렴. 이번에는 쌍안경이나 망원경으로 멀리 보이는 물체를 보고 그 모습을 그려보자. 똑같은 물체를 맨눈으로 봤을 때와 크게 확대해서 봤을 때의 느낌이 어떻게 달랐니?"

⊙ **테스트 결과는?**

자신이 무엇을 하고 있는지 이해했나요?	□ 예	□ 아니오
자신이 본 것을 즐겁게 소개했나요?	□ 예	□ 아니오
본 것을 창의적으로 해석할 수 있었나요?	□ 예	□ 아니오
이 테스트의 목적을 이해했나요?	□ 예	□ 아니오
테스트를 끝낸 뒤 그림이나 사진, 예술에 대한 관심이 커졌나요?	□ 예	□ 아니오

예 _____ 개   아니오 _____ 개

우리 아이는 평면감이 뛰어나고
창의성이 빛나는 아이!

'예'가 세 개 이상이라면 공간지능이 확실히 있는 아이입니다. 자신의 의도를 2차원(평면)적으로 잘 표현할 수 있는 아이지요. 이제 다음의 3차원(입체) 테스트에서 3차원적 공간지능이 있는지 확인해보세요.

'아니오'가 세 개 이상이라면 이 테스트는 창의성을 확인하는 내용이므로 공간지능이 있되 창의성보다는 미술 감상의 측면에서 더 뛰어난 지능을 보이는 아이일 수도 있습니다. 아이와 함께 명화를 공부하거나 재활용품을 이용해 콜라주 작품을 만들어보세요.

예술가, 그래픽 디자이너, 일러스트레이터, 사진작가 등의 직업을 가진 사람들은 2차원, 즉 평면에서 이미지를 만들어내고 조작하는 데 특별한 재능이 있습니다. 이와 같은 재능이 있는 아이들은 시각적 자극에 끌리기 마련이지요. 정보를 더욱 쉽게 이해하기 위해 아이디어맵을 그리거나, 만화나 스케치 그리고 수채화를 즐겨 그리는 아이도 있습니다. 또 어떤 아이는 미술 작품을 보면서 즐거움을 느끼고 미술관과 박물관 견학을 좋아하기도 하고요.

이 테스트의 목적은 공간지능에서의 평면감을 찾아내고, 이와 관련된 아이의 지능을 키울 수 있도록 돕는 데 있습니다. 종이와 미술 도구로 그림을 그리는 것은 아이들 대부분이 즐거워하는 작업입니다. 기술이나 깔끔함보다는 각 과제에서 주제에 대한 아이의 시각적 해석에 초점을 맞춰야 합니다.

● 아이에게 낙서할 수 있는 공책을 주세요. 낙서에는 잠재의식이 반영되므로, 나중에 자신이 그렸던 그림과 스케치를 다시 보게 된다면 새로운 아이디어나 영감을 얻을 수도 있답니다.

● 아이와 그림 대화를 나눠보세요. 엄마는 '저녁으로 무엇을 먹을까?' 또는 '오늘은 무엇을 할까?' 등의 질문을 하고, 아이는 그림으로 대답합니다. 예를 들어 아이가 피자를 그린다면, 엄마는 다시 무언가(페퍼로니, 토마토, 버섯 등)를 그려 아이가 원하는 토핑을 찾아보도록 하세요.

16 3차원적으로 바꿔볼까?

내 방을 내 손으로 바꿔보는 건 어떨까요? 공중에 둥실둥실 떠 있는 흔들개비 모빌을 만들어 꾸미거나 방 안의 가구와 물건의 위치를 싹 바꾸는 거예요. 엄마는 다음의 재료를 준비해주세요.

01 테스트: 종이와 연필, 철사 옷걸이, 펜치, 실, 아이가 오려낸 그림이나 직접 고른 물건
02 테스트: 모눈종이, 연필, 줄자, 자, 가위

01 모빌을 만들어볼까?

"예쁜 종이에서 오린 그림 혹은 특별한 물건과 철사 옷걸이를 이용하면 쉽게 모빌을 만들 수 있단다. 모빌을 각각 다른 방향에서 보면 어떻게 보일지 상상할 수 있니? 밑에서 보는 모습도 꼭 생각해보렴. 머릿속에서 모빌의 최종 모습을 상상해보고, 어떻게 만들어야 좋을지 잊지 않도록 그림으로 그려두자. 모빌에 쓸 그림은 날씨, 스포츠, 식물처럼 주제에 맞춰 그리는 건 어떨까? 아니면 내 방에 어울리는 색의 물건을 골라서 만들까? 종이에 그려서 오린 그림이나 물건을 실에 매달아서 옷걸이에 고정해보자."

02 가구 위치를 바꿔볼까?

"우선 가구를 다시 배치해야 돼. 문과 창문의 위치를 고려하고 공부 공간 또는 놀이 공간을 생각하면서 가구를 어디로 옮길 수 있을지 머릿속에서 먼저 상

상해보렴. 그리고 내 방의 평면도를 그려보
자. 또 침대와 수납가구, 책상, 의자 등 가
구의 모양을 비율에 따라 그린 다음 오려내
자. 최종 가구 배치도를 정하면 엄마와 함
께 검토하고, 엄마의 도움을 받아서 원하는
대로 가구를 옮겨보자꾸나."

⊙ 테스트 결과는?

자신이 무엇을 하고 있는지 이해했나요?	☐ 예	☐ 아니오	
아이디어를 내고 계획을 짜는 것을 즐겁게 했나요?	☐ 예	☐ 아니오	

자신이 무엇을 하고 있는지 이해했나요?　☐ 예　☐ 아니오

아이디어를 내고 계획을 짜는 것을 즐겁게 했나요?　☐ 예　☐ 아니오

결과물을 3차원으로 상상할 수 있는 것처럼

보였나요?　☐ 예　☐ 아니오

이 테스트의 목적을 이해했나요?　☐ 예　☐ 아니오

테스트를 끝낸 뒤 공간과 3차원 이미지에 대한

관심이 커졌나요?　☐ 예　☐ 아니오

예 ＿＿＿ 개　　아니오 ＿＿＿ 개

우리 아이는 입체감이 뛰어나고 창작 능력이 보이는 아이!

'예'가 세 개 이상이라면 공간지능 중에서도 3차원(입체)적으로 생각할 수 있는 능력이 있는 아이입니다. 3차원 테스트를 해보기 전에, 2차원 계획도부터 그린 다음 2차원과 3차원을 번갈아 해보도록 권해주세요.

'아니오'가 세 개 이상이라면 아직은 덜 자랐거나 2차원(평면)적으로 생각하는 것이 더 편안한 아이입니다. 3차원에서 그려내는 것은 누구나 할 수 있는 활동은 아닙니다. 할 수 있는 사람도 있고 할 수 없는 사람도 있지요. 그리고 하기 어려워하는 사람이 더욱 많답니다.

공간지능에서 중요한 요소 중 하나는 바로 공간에 있는 사물과 자기 주변의 공간을 모두 생각할 수 있는 능력입니다. 이렇게 사고하려면 사물을 머릿속에서 3차원적으로 상상하고, 그것을 머릿속에서 이리저리 돌려보며 다른 각도에서 볼 수 있는 능력이 있어야 합니다. 자신에게 이 능력이 있어도 자각하지 못하는 사람도 있지만, 공간지능이 있는 사람이라고 해서 모두 3차원으로 생각할 수 있는 것은 아니랍니다.

이 테스트의 목적은 아이 스스로 자신의 방을 바꾸게 하는 새로운 아이디어를 통해 3차원적 감각을 발달시키는 데 있습니다. 아직 어린아이라면 '모빌 만들기'를, 좀 큰 아이라면 '내 방 바꾸기'를 할 수 있도록 도와주세요. 아이들은 대개 자신의 방(침실)을 자기 영역으로 생각하는 경향이 강합니다. 따라서 아이에게 머릿속으로 자기 방을 꾸며보게 하면 아이의 개성이 드러나는 동시에 공간지능도 발달할 수 있답니다. 안전상의 문제로 엄마의 감독이 필요하지만, 창작 과정에는 관여하면 안 됩니다. 결과물이 어떤 모양인지 또는 잘 어울리는지 평가하는 것보다는, 각각의 활동이 3차원적으로 달성되었는지에 초점을 맞춰야 합니다.

♥ 이렇게 이끌어주세요 ♥

● 먼저 풍선에 바람을 불어 넣어 준비해요. 신문지 조각을 풀물에 담가서 만든 종이 찰흙을 풍선에 여러 겹 발라 아이와 함께 종이 찰흙 머리를 만들어보세요. 다 마르면 얼굴에 색칠을 하고 털실로 머리카락을 붙여서 장식합니다.

● 아이에게 다 쓴 티슈 상자를 조심스럽게 분해한 다음 평평하게 펼쳐보라고 하세요. 그리고 아이가 테이프나 풀을 이용해서 다시 상자로 만들 수 있는지 알아보세요. 어떤 사물을 3차원에서 보고 또 2차원에서 본 다음, 다시 3차원으로 볼 수 있다면 공간지능이 높은 아이랍니다.

17 놀라운 미로

미로에 빠진다면 어떻게 빠져나와야 할까요? 또 어떻게 목적지를 찾아가야 할까요? 엄마는
아이에게 '일단 미로 안에 들어가면 선이 교차하지 말아야 한다'는 것을 강조해서 설명해주세요.

01 화살표가 표시된 곳에서
출발해 미로를 빠져나와 보자.

02 화살표가 표시된 곳에서 출발해
미로 중심에 도착해보자.

⊙ 테스트 결과는?

활동을 이해했나요?　　　　　　　　　　☐ 예　☐ 아니오

미로의 목적지 또는 중심까지 도달하는 과정 동안

즐거워했나요?　　　　　　　　　　☐ 예　☐ 아니오

이 테스트의 목적을 이해했나요?　　　☐ 예　☐ 아니오

테스트를 끝낸 뒤 미로 또는 미궁에 대한 관심이

커졌나요?　　　　　　　　　　☐ 예　☐ 아니오

예 ＿＿＿ 개　　아니오 ＿＿＿ 개

우리 아이는 공간 상상력이 뛰어나고
미술과 논리지능의 융합이 이뤄진 아이!

'예'가 세 개 이상이라면 공간지능의 평면감과 논리지능의 요소를 능숙하게 결합할 수 있는 아이입니다. 이 길이 막다른 길인지 아닌지를 마음속에서 예상했기 때문이지요. 상황을 미리 계획하고, 문제가 발생하기 전에 문제를 미리 예상할 수 있는 능력은 성인이 된 후에도 생활에 유용한 기술이랍니다.

'아니오'가 세 개 이상이라면 아직은 더 자라야 하거나 2차원 활동을 그다지 좋아하지 않는 아이일 수 있습니다. 실제로 공간지능이 있는 사람들 중에는 3차원 활동을 더 좋아하는 경우도 많으니까요. 이유는 3차원 활동이 더 생생하기 때문이지요. 그러므로 모형 만들기나 조각하기처럼 아이와 함께할 수 있는 3차원 활동을 시도해보세요.

공간지능은 그림으로 생각하고, 공간에 있는 사물을 상상하는 능력입니다. 이 능력이 있는지 없는지를 재미있게 알아보는 방법이 바로 미로 찾기지요. 미로는 많은 길로 만들어진 일종의 퍼즐입니다. 목적지는 하나지만, 도중에 더 이상 나아갈 수 없는 막다른 길이 많습니다. 가장 오래된 미로의 형태는 목적지가 중심에 있으며 목적지까지의 길이 딱 하나만 있는 미궁이랍니다.

이 테스트의 목적은 아이가 2차원에서 얼마나 공간을 상상할 수 있는지, 또 이러한 활동을 좋아하는지 알아보는 데 있습니다. 테스트를 할 때에는 미로를 앞에 놓고 아이와 함께 앉으세요. 아이가 미로 위에 필기도구로 직접 표시하는 걸 원하지 않는다면 미로 그림을 복사해서 사용하세요.

♥ 이렇게 이끌어주세요 ♥

- 아이와 함께 미로에 직접 가보세요. 미로를 따라 걷는 것은 종이 위의 미로 퍼즐을 푸는 것과는 완전히 다른 경험이랍니다.
- 아이에게 모눈종이에 직접 미로를 그려보라고 하세요. 가로세로로 각각 30센티미터의 사각형을 그리고, 연필로 막히지 않은 길과 막다른 길을 대략 그려보게 합니다. 펜으로 '벽'을 덧그린 다음 연필로 그려둔 선을 지우세요. 아이가 미로 만들기에 정말로 관심을 보인다면 인터넷에서 온라인 미로나 미궁이 있는 웹사이트를 찾아봅니다.

내 아이는 신체운동지능이 뛰어난 아이?

신체운동지능 테스트는 아이의 강점은 무엇인지 또 어떤 활동을 좋아하는지 알아보기 위해 구성되었습니다. 엄마는 이 테스트를 통해 아이가 전신과 몸의 일부를 통제하는 능력, 꼼꼼한 사물 조작 능력 중에서 어떤 지능이 발달했는지 알 수 있어요.

- **손과 눈의 협응력**: 양손을 정확하게 사용하는 능력
- **전신 조정력**: 특정한 동작을 취할 때 온몸을 조정하는 능력
- **유연성**: 관절을 유연하게 사용해 다양한 동작을 표현할 수 있는 능력
- **균형감**: 환경이 바뀌어도 동작을 유지하고 관리하는 능력

세계적인 마라톤 선수를 생각해보세요. 그 선수는 성공적으로 경기를 치르기 위해 전략을 짭니다. 경기 중에 체력이 떨어지지 않도록 달리면서도 자신의 속도를 계산하여 언제 속도를 늦춰야 할지를 미리 계획하여 근육과 호흡을 조절하고, 여러 시간 동안 달릴 수 있도록 체력을 안배합니다. 이처럼 마라톤을 하는 데는 많은 지구력이 필요합니다. 신체운동지능은 스포츠 선수에게만 필요한 것이 아니라 무용수, 배우, 화가, 심지어 치과의사에게도 필요한 지능이랍니다.

다른 많은 '지능'도 그렇지만, 신체운동지능을 높여주는 최선의 방법은 엄마

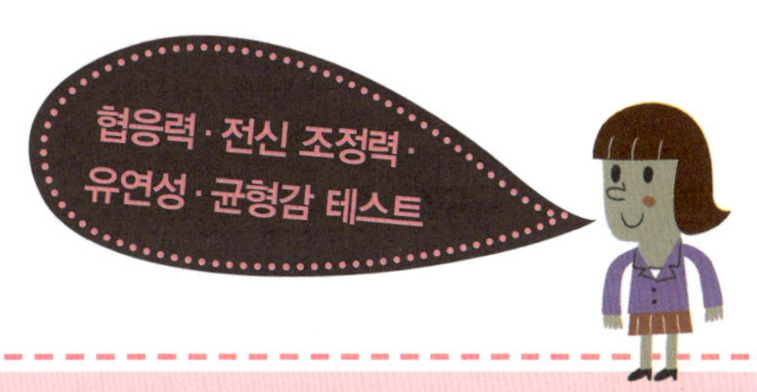

스스로 아이의 모범이 되어 가족과 함께 활동적인 모습을 보여주는 것입니다. 스포츠를 좋아하는 부모님이라면 아이에게 어려운 활동을 시도해보라며 격려해줄 수 있습니다. 일상에서 신체 활동을 포함시키도록 노력해야 하지요. 놀이터에 가서 공놀이를 해보는 것은 어떨까요? 아니면 아이와 함께 고무찰흙으로 그릇을 만들고 색칠하거나, 구슬로 목걸이나 팔찌를 만들어보는 등 창의적인 일을 해보세요. 아이를 위해 활동적이고 창의적인 부모님이 되어야 한답니다.

아이들은 아직 머리와 몸을 완전히 조정할 정도로 성숙하지 못했기 때문에 동작이 서투를 것입니다. 따라서 균형 또는 전신 조정력 테스트보다는 유연성 테스트의 결과가 더욱 좋을 가능성이 높답니다. 만 네 살에서 만 여섯 살까지의 아이들은 손과 눈의 협응력이 가능하긴 하지만, 공예 활동은 여전히 어려워하는 면이 있을 테고요. 하지만 테스트 내용 자체가 즐거운 활동이기 때문에 개개인의 신체 능력과 상관없이 아이들이 좋아할 것이랍니다.

테스트를 할 때는 아이를 많이 칭찬해주고, 또 엄마가 직접 시범을 보여주세요. 아이에게 훌륭한 모범이 될뿐더러 아이는 엄마의 모습을 보며 재미를 느끼게 될 테니까요. 신체운동지능을 찾아내는 테스트는 재미있게 노는 데 초점을 맞춰 아이에게 신체 활동과 신체를 사용하는 기술에 대한 관심을 조금씩 높여주고, 이때 찾은 감각을 평생 잃지 않게 하려는 시간임을 기억해주세요. 신체 운동지능이 있는 아이는 연습만 하면 쉽게 지능이 발달한답니다.

　마지막으로 자녀가 특히 흥미로워하는 테스트나 활동이 어떤 것이었는지 잘 보고 파악해주세요. 이것은 아이가 장차 운동지능의 어떤 분야에서 두각을 나타낼지 명확하게 알려주는 사인입니다. 또 아이가 좋아하는 특정 행동이 있다면, 그것을 더 많이 연습하면 더 잘하게 될 가능성이 높답니다.

● 테니스 천재, 비너스 윌리엄스와 세레나 윌리엄스

윌리엄스 자매는 미국 로스앤젤리스에서 성장했으며, 둘 다 네 살 때부터 테니스를 배웠습니다. 처음에는 다른 사람들이 쓰던 공을 주워서 연습했지요. 자매의 코치는 바로 혼자서 책을 보고 테니스를 공부한 아버지였습니다. 비너스가 아홉 살, 세레나가 여덟 살이 되었을 때 자매는 처음으로 테니스 경기에 참가했지요. 그리고 자매는 결승전에서 만났고, 언니 비너스가 동생 세레나를 이겼답니다. 비너스는 열네 살 때 프로 선수로 데뷔했고 이후 그녀의 세계 랭킹은 빠르게 올라갔습니다. 곧이어 세레나도 그 뒤를 따랐고요. 드디어 2001년에 윌리엄스 자매는 테니스계의 새로운 역사를 썼습니다. US 오픈 결승전에 상대 선수로 만난 최초의 흑인 자매가 된 것이었지요.

18 손으로 눈으로 꼬물꼬물

여러 가지 재료를 사용해 이것저것 오리고 붙이고 만드는 놀이를 해볼까요?
어떤 것을 할지는 아이가 골라도 된답니다. 필요하다면 테스트를 하기 전에 아이에게 연습할
시간을 먼저 주세요. 엄마는 다음의 재료를 준비해주세요.

01 테스트: 신문, 판지 또는 두꺼운 도화지, 풀, 테이프, 가위, 물감
02 테스트: 종이, 물감이나 색색의 사인펜, 색연필, 크레용, 크레파스
03 테스트: 다양한 종류의 마른 콩, 쌀, 파스타, 풀, 종이

01 로봇이나 공룡, 동화에 나오는 성을 만들어보자.

02 엄마나 아빠 혹은
내 얼굴을 그려보자.

03 파스타와 쌀, 콩 등을 종이에 붙여서 재미난 모양을 만들어보자.

⊙ **테스트 결과는?**

첫 번째 테스트를 할 때 모형이 좀 더 진짜처럼

보이도록 칠하기 위해 노력했나요?　　　　　☐ 예　☐ 아니오

두 번째 테스트를 할 때 옷의 단추나 눈썹처럼

세밀한 부분을 묘사하려고 노력했나요?　　　☐ 예　☐ 아니오

세 번째 테스트를 할 때 재료를 다양하게

사용했나요?　　　　　　　　　　　　　　☐ 예　☐ 아니오

예　　　　개　　　아니오　　　개

{ **SMART GUIDE** }

우리 아이는 신체운동지능이 발달하고 손과 눈을 능숙하게 사용하는 아이!

이 테스트에는 정해진 답이 없습니다. 테스트를 하는 동안 아이의 관심도와 집중력을 관찰하는 것이 포인트지요. 아이의 활동 결과물이 정확하거나 아주 깔끔하진 않더라도, 어느 정도 능숙하게 재료를 사용하거나 물건을 다룰 수는 있는지를 관찰하고, 창의성이나 힘보다는 손과 눈을 동시에 사용하는 데 중점을 두고 평가합니다.

　신체운동지능은 지금은 서투를지 몰라도 평생 발전하고 다듬을 수 있는 부

분으로 아이일 때는 재미있게 연습하는 것이 가장 중요합니다.

 아이가 과제를 정확하게 수행하기 위해 손과 눈을 얼마나 함께 잘 사용할 수 있는지를 평가하는 데 있습니다. 예를 들어 아이는 글쓰기를 배우면서 익힌 연필 잡는 기술을 운동을 할 때나 우유 잔을 잡을 때도 쓰기 때문이지요. 테스트를 할 때는 아이가 보다 실물에 가깝게 보이도록 물감을 칠할 수 있게 이끌어주세요. 세세한 부분의 묘사를 놓치지 않도록 잘 관찰하고, 만약 그런 부분을 놓친 듯하다면 손으로 가리켜 보이면서 완성하도록 도와주세요.

♥ 이렇게 이끌어주세요 ♥

- 약 60센티미터 길이의 실을 두 줄 준비합니다. 먼저 엄마가 그중 하나를 꼬아서 어떤 모양을 만듭니다. 일정하지 않은 모양이어도 되고, 쉽게 알아볼 수 있는 모양이어도 되지요. 아이에게 남아 있는 다른 실을 주고 엄마가 만든 모양을 그대로 따라 만들어보라고 하세요. 그다음에는 반대로 아이가 모양을 만들고 엄마가 따라서 만들어봅니다.
- 아이가 앉아 있는 자리에서 1.5미터 정도 떨어진 바닥에 쿠션을 내려놓습니다. 아이에게 쿠션이 놓여 있는 자리에서 콩주머니나 봉제 인형을 위로 던져보라고 하세요. 이때 던졌다가 떨어지는 콩주머니 혹은 인형이 쿠션 위에 떨어지거나, 쿠션에 닿아야 한답니다.

19 몸으로 말해

아이가 누구를 흉내 내는지 다른 사람들에게 맞혀보라고 하세요. 단, 절대로 말을 하면 안 돼요!
엄마는 아이의 연기를 잘 보고 누구를 흉내 내고 있는지 대답해주세요.

01 네 발로 서서 킁킁대며 냄새를 맡고,
꼬리를 흔들고, 땅에 파묻힌 뼈를 파내는
흉내를 내보자.

02 의자에 앉아서 손과 발을 이용해 드럼을 연주하는
드러머의 모습을 따라 해보자.

03 수풀에서 껑충 뛰어오르고, 나뭇잎을 먹고,
주머니 속에 있는 아기 캥거루를 돌봐주는
캥거루 시늉을 해보자.

04 낚싯줄을 던지고, 큰 물고기가 걸려 낚싯줄을 감아올린 다음, 잡은
물고기가 얼마나 큰지 보여주는 어부가 하는 동작을흉내 내보자.

⊙ **테스트 결과는?**

자신이 무엇을 하고 있는지 이해했나요?	☐ 예	☐ 아니오
흉내 내기를 즐겁게 했나요?	☐ 예	☐ 아니오
동작을 쉽게 소화하는 것처럼 보였나요?	☐ 예	☐ 아니오
이 테스트의 목적을 이해했나요?	☐ 예	☐ 아니오
이 테스트를 한 후 전신 동작에 관심이 커졌나요?	☐ 예	☐ 아니오

예 ____ 개　　　아니오 ____ 개

우리 아이는 전신 조정력이 발달해
몸을 능숙하게 사용하는 아이!

'예'가 세 개 이상이라면 확실하게 신체운동지능이 있는 아이입니

다. 자신의 몸을 움직이는 것을 편안하게 느끼고 잘 통제할 수 있다는 표시지요. 아마 이 아이는 스포츠도 즐길 것입니다.

'아니오'가 세 개 이상이라면 손이나 발처럼 개별 신체 부위의 조정 능력이 뛰어나거나, 이 테스트의 표현적인 특성 때문에 결과에 영향을 받았을지도 모르는 아이입니다. 전신 조정 능력은 신체운동지능의 한 부분에 불과하다는 사실을 기억해주세요.

신체운동지능에는 손으로 기타를 치는 것처럼 신체의 한 부위만 조절하는 것 또는 달리기, 등산, 축구처럼 전신을 조절하는 것이 모두 포함됩니다. 꼭 음악가나 운동선수만 온몸을 능숙하게 사용할 수 있는 건 아니지요. 전신 조정 능력의 재능을 보이는 아이는 무용수나 스턴트맨이 될지도 모른답니다.

이 테스트의 목적은 머리로 몸을 얼마나 잘 조절할 수 있는지를 알아보는 데 있습니다. 그리고 아이에게 온몸으로 자신을 표현하고 정보를 전달하려면 어떻게 움직여야 하는지를 생각해보도록 권하기에 좋은 방법이지요. 배우가 온몸을 이용해 관객에게 감정을 전달하듯 아이에게 마임(말이나 다른 소리를 내지 않고 하는 연기)을 시켜보세요. 예를 들어 테스트의 강아지, 드러머, 캥거루, 어부의 흉내를 내보도록 하는 것입니다. 물론 다른 동물이나 사람도 얼마든지 흉내 낼 수 있지요. 엄마는 정확한 연기 기술보다는 아이의 전신 조정 능력을 파악하는 데 초점을 맞추고 살펴봐 주세요. 이와 동시에 아이의 행동을 보고 무엇을 흉내 내는지 추측하여 맞혀주세요.

♥ 이렇게 이끌어주세요 ♥

- 온 가족이 함께 운동을 합니다. 다 같이 산책을 하거나, 자전거를 타거나, 동

네 수영장에서 수영을 해보세요. 가족끼리 '디스코'의 밤을 보내도 좋고요. 옷을 갖춰 입고 거실 조명을 낮추고 음악에 맞춰 춤을 춰보세요. 아이에게 먼저 춤을 춰보라고 권하고, 그 동작을 배워서 따라 해봅니다.

• '눈 가리고 동전 찾기'를 해보세요. 참가자가 많을수록 효과도 커진답니다. 실내에 널찍한 공간을 마련하고 위험한 물건은 치워둔 다음, 바닥 여기저기에 동전을 뿌려놓습니다. 아이들에게 종이봉투를 하나씩 주고 모두의 눈을 가립니다. 그리고 신호와 함께 아이들이 바닥을 기어 다니며 촉감으로 동전을 찾아내 봉투에 넣게 하세요. 5분 후 눈가리개를 풀어주고 각자의 봉투를 확인하게 합니다. 동전을 가장 많이 주운 아이가 우승자이지요.

나는 고양이

20

몸의 유연성을 높여주는 요가는 자세도 무척 재밌답니다. 요가 자세는 동물의 이름에서 따올 때가 많지요. 엄마는 아이가 다음의 '고양이 자세'와 '코브라(뱀) 자세'를 따라 할 수 있도록 도와주세요.

01 양손과 무릎을 바닥에 대고 고양이처럼 기어가는 자세를 해보자.

"양손을 어깨 아래로 쭉 뻗고, 다리는 골반 너비로 벌려야 해. 숨을 들이쉬면서 척추를 아래로 내리고, 엉덩이는 위로 올린 뒤 머리를 약간 들어서 정면을 바라보자. 그다음에는 숨을 내쉬면서 등을 둥글게 말아 올리고, 엉덩이는 내리고, 턱을 가슴 쪽으로 당겨보자. 할 수 있는 만큼 동작을 반복해볼까?"

02 코브라처럼 온몸을 바닥에 짝 붙여서 엎드려보자.

"두 다리를 모으고, 양손은 몸에 바짝 붙여서 앞쪽에 놓아보자. 숨을 들이쉬면서 두 팔을 펴고, 머리와 가슴은 최대한 천천히 들어 올린 뒤 정면을 바라봐야 해. 그 자세로 몇 차례 호흡한 다음 천천히 몸을 낮춰보자. 할 수 있는 만큼 동작을 반복해볼까?"

⊙ **테스트 결과는?**

	예	아니오
자신이 무엇을 하고 있는지 이해했나요?	☐ 예	☐ 아니오
요가 자세를 취할 때 즐겁게 했나요?	☐ 예	☐ 아니오
자세를 쉽게 취하는 것처럼 보였나요?	☐ 예	☐ 아니오
요가의 목적을 이해했나요?	☐ 예	☐ 아니오
테스트를 끝낸 뒤 요가나 유연성에 대한 관심이 커졌나요?	☐ 예	☐ 아니오

예 ____ 개   아니오 ____ 개

우리 아이는 유연성이 발달하고 몸을 능숙하게 움직일 줄 아는 아이!

'예'가 세 개 이상이라면 몸이 아주 유연한 아이입니다. 건강한 관절은 자라나는 아이에게 커다란 자산이 되어주지요. 관절의 유연성을 유지할 수 있도록 아이의 일상생활에 유연성 활동을 꼭 포함해주세요.

'아니오'가 세 개 이상이라면 유연성에 문제가 있다기보다는 이 활동을 제대로 이해하지 못한 아이입니다. 아이가 몸을 쉽게 움직이거나, 책상다리를 하거나, 허리를 잘 돌리거나, 몸을 구부려 발가락이 손에 닿는다면 신체가 충분히 유연한 상태이므로, 걱정하지 않아도 된답니다.

아기와 아이는 몸이 아주 유연하지만, 근육의 탄력은 성장할수록 떨어집니다. 아이가 아기였을 때만큼 유연하다면 건강하게 잘 자라고 있다는 증거이며, 안전하게 관절 동작을 취할 수 있답니다. 또 유연성은 언젠가 입을 수 있는 부상을 예방해주는 중요한 요소지요.

이 테스트의 목적은 아이들이 즐겁게 할 수 있는 요가로 관절을 이용하는 동작을 확인해보는 데 있습니다. 유연한 근육과 관절은 신체와 정신에 모두 유익하지요. 요가는 유연성을 높여주는 운동일 뿐만 아니라, 몸과 머리를 함께 움직여야 하는 운동으로 온몸으로 다양한 자세를 취하면서 자신의 몸을 의식하도록 가르쳐 몸과 마음을 연결시켜 줍니다. 이 같은 정신적 요소 덕분에 요가는 '신체운동지능'을 발달시키는 데 아주 좋습니다. 아이와 함께 고양이 자세와 코브라 자세를 연습해보세요. 이때 아이에게 정확한 자세를 취하라며 무리하게 요구하지 않도록 주의해야 한답니다. 아이에게 자기 몸의 소리에 '귀 기울이면서' 충분하다고 느껴질 때 그만두라고 말해주세요.

♥ 이렇게 이끌어주세요 ♥

● 작은 종이 열 장에 신체 부위 열 군데(팔, 팔꿈치, 손, 다리, 무릎, 발, 위, 머리, 발목, 엉덩이 등)를 쓰고 봉투에 넣습니다. 아이에게 봉투에서 두 장을 마음대로 뽑으라고 한 다음, 뽑은 종이에 적힌 부위를 만져보라고 하세요. 아이와 함께 놀이하며 여러 부위를 함께 만지다 보면 즐거운 시간을 보낼 수가 있답니다.

● 림보 춤을 춰보세요. 빗자루나 대걸레 손잡이를 수평으로 뉘어 잡고, 아이에게 몸을 뒤로 젖혀 막대기에 몸이 닿지 않게 하면서 균형을 잡고 막대기 아래를

지나가게 합니다. 처음에는 코 높이에서 시작하지만, 아이가 닿지 않고 지나가
는 데 성공한다면 점차 막대기를 아래로 내려보세요.

21 흔들흔들 줄타기

다음 네 가지 놀이 가운데 재미있어 보이는 놀이를 골라보세요. 혼자 해도 좋고, 친구들과 함께 해도 좋답니다. 아이가 넘어질 것에 대비해 주변에 있는 물건을 치워주세요.

01 줄을 따라 걸어보자.

줄넘기 줄 또는 긴 끈을 바닥에 직선으로 놓습니다. 아이는 그 줄을 따라 '떨어지지' 않고 걸어야 합니다.

02 자루 안에 들어가 경주를 해보자.

아이에게 낡은 베개 커버나 자루를 줍니다. 그리고 출발선과 도착선을 표시해주세요. 아이는 베개 커버나 자루 안에 들어가 출발선에 선 다음 넘어지지 않고 계속 깡충깡충 뛰어서 도착선까지 가야 합니다.

03 보물을 떨어뜨리지 말고 '해적선'으로 탈출해보자!

동전, 사탕, 공깃돌 등을 주머니에 담습니다. 그리고 아이에게 해적선(다른 방이나 화장실, 계단 위, 현관 앞 등)을 지정해주세요. 엄마는 주머니를 아이 머리 위에 얹고 균형을 잡게 한 다음, 엄마에게 도망쳐서 '해적선'으로 돌아가게 합니다. 주머니를 떨어뜨리면 안 된답니다.

04 '징검다리'를 건너보자!

엄마는 큰 종이나 베개로 징검다리를 만들어주세요. 아이는 징검다리를 밟고 뛰면서 강을 건넙니다. 징검다리가 아닌 맨바닥에 닿으면 '풍덩' 하고 강에 빠진 거예요.

⊙ **테스트 결과는?**

자신이 무엇을 하고 있는지 이해했나요?　　　　　　□ 예　　□ 아니오

놀이를 즐겁게 했나요?　　　　　　　　　　　　　□ 예　　□ 아니오

움직이는 동안 균형을 유지하는 것처럼 보였나요?　□ 예　　□ 아니오

이 테스트를 한 후에 균형에 대한 인식이

높아졌나요?　　　　　　　　　　　　　　　　　□ 예　　□ 아니오

예 ______ 개　　　아니오 ______ 개

{ SMART GUIDE }

우리 아이는 균형 감각이 발달하고 두뇌와 신체를 함께 움직이는 데 능숙한 아이!

'예'가 세 개 이상이라면 균형성이 뛰어나고 신체운동지능도 아주 뛰어난 아이입니다. 움직이거나 무언가를 운반할 때도 몸의 중심을 유지할 수 있는 아이라면, 건강도 지키고 부상당할 위험도 줄어들 것이랍니다.

'아니오'가 세 개 이상이라면 움직이거나 짐을 들고 있을 때 균형을 잡기 위해 시간이 필요한 아이입니다. 신체의 균형 감각을 높이는 것은 연습에 달렸으므로, 재미있게 연습할 수 있도록 격려해주세요.

　균형감은 어떤 자세나 활동을 하고 유지할 때, 몸의 중심을 동작에 맞출 수

있는 능력입니다. 움직이면서 안정적으로 중심을 유지하는 것은 훨씬 어렵지요. 하지만 걷고, 깡충 뛰고, 달리는 동안 사람의 뇌는 이러한 변화에 적응합니다. 몸의 중심을 일부러 바꿔보는 것은 두뇌와 신체가 함께 움직이는 데 익숙해질 수 있는 중요한 연습이랍니다.

이 테스트의 목적은 아이의 균형감을 알아보고, 신체 중심을 바꾼 상태에 익숙해지도록 돕는 데 있습니다. 이 테스트는 한두 가지만 해봐도 되고, 네 가지 모두를 해봐도 되지요. 아마도 대부분의 아이는 앞서 나온 테스트 네 가지 모두를 아주 재미있게 즐기면서 할 것입니다.

♥ 이렇게 이끌어주세요 ♥

● 기회가 될 때마다 아이에게 물건을 옮겨달라고 해보세요. 예를 들어 가벼운 쇼핑백을 들어달라고 하거나, 접시를 식탁으로 옮겨달라고 해보세요. 물건을 운반할 때 그 물건의 무게에 적응하려면 두뇌와 신체가 함께 작용해야 합니다. 이것은 신체운동지능을 발달시켜주는 아주 좋은 방법입니다.
● 균형 감각이 필요한 스포츠를 시도해보도록 아이를 격려합니다. 엄마가 아이와 함께 스케이트 또는 롤러블레이드를 타거나 트램펄린 등을 하러 가거나, 태권도 같은 무술 수업을 들어도 좋답니다.

내 아이는 탐구지능이 뛰어난 아이?

아이의 탐구지능을 찾아내는 테스트는 아이의 잠재된 과학지능을 파악하는 데 중요합니다. 가드너의 자연친화지능과 관련한 과학지능의 가장 중요한 기술 두 가지는 바로 관찰력과 분류력입니다.

- **관찰력:** 자연의 미묘한 변화를 알아채고 그 이유를 해석하는 능력
- **분류력:** 자연물을 특징에 따라 구분하여 분류하는 능력

아이와 함께 활동을 시작할 때는 테스트의 목적을 먼저 명심해주세요. 지금 부모가 아이에게 찾고 있는 것은 진정한 자연 사랑, 자연 세계의 사물에 대한 열정이니까요. 이곳에서 소개하는 테스트는 자연의 속도에 맞춰 천천히 진행해야 하는 시간 집약적 활동입니다. 따라서 주말이나 방학 등 시간적 여유가 충분할 때를 맞춰 계획하는 것이 좋습니다. 또 부모님과 함께 또는 온 가족이 함께할 수 있기 때문에 아이에게 좋은 시간이 되어준답니다. 어른들 역시 이 테스트의 활동을 통해 새로이 배우는 것이 있을지도 모릅니다.

아이의 탐구지능을 테스트 할 때, 아이가 어리다면 아직은 인내심이나 집중력이 부족할 수도 있답니다. 아이들은 결과가 빨리 나올 수 있는 것을 좋아하며, 결과가 나온 뒤에는 열중할 수 있는 다음 일로 재빨리 옮겨 가는 경향이 있

으니까요. 그러나 부모님이 많은 관심을 쏟아준다면 어떤 일이든 보다 충실히 해낼 가능성이 높아지므로, 부모님이 시간을 내어 아이와 함께해보는 것이 좋습니다. 아이들은 원래 호기심이 아주 많지요. 아이가 놓칠 수 있는 특징을 부모님이 짚어주면서 호기심과 재미를 잃지 않게 해주세요.

{ WHIZ TIP }

● 위대한 과학자, 찰스 다윈

다윈은 1809년 영국의 슈롭셔에서 태어났습니다. 어릴 때부터 과학을 좋아했고 화학 실험을 무척 좋아해서, 친구들이 '가스(Gas)'라는 별명을 붙여줬지요. 다윈은 '자연'에서 나는 것은 무엇이든 열심히 수집했는데, 여기에서 그의 똑똑한 탐구지능을 확인할 수 있습니다.

1831년 스물두 살이 된 다윈은 박물학자로서 측량선인 비글호에 올랐습니다. 비글호는 전 세계를 일주했고, 이 항해는 거의 5년이나 걸렸지요. 항해 내내 다윈은 열대 식물 표본, 곤충 표본, 조개, 화석동물 등을 상자에 담아 배에 실었습니다. 그리고 영국으로 돌아오는 길에 수집품과 그 기록들을 연구하면서 '자연 도태'의 개념을 떠올리게 되었답니다. 이것이 바로 오늘날 가장 널리 인정을 받는 진화론이지요.

22 오늘도 맑음

날씨를 꾸준히 관찰하면 자연에 대해 아주 많이 알게 되지요. 엄마는 아이가 직접 온도계로 기온을 측정하고 계량컵으로 빗물을 받아볼 수 있게 도와주세요. 직접 관찰한 날씨를 텔레비전이나 인터넷 그리고 신문에 나오는 일기예보와 비교해보는 것도 좋은 방법입니다.

01 낮 최고기온이 얼마였니?

02 밤 최저기온은 얼마였니?

03 일일 강수량은 얼마였니?

04 날씨가 맑았니, 흐렸니? 또 구름은 어떤 모양이었니?

05 바람이 불었니? 바람은 어느 방향에서 불어왔니?

⊙ **테스트 결과는?**

자신이 무엇을 하고 있는지 이해했나요?	☐ 예	☐ 아니오	
날씨 측정을 즐겁게 했나요?	☐ 예	☐ 아니오	
날씨를 측정하고 그 결과를 쉽게 해석하는 것 같았나요?	☐ 예	☐ 아니오	
이 테스트의 목적을 이해했나요?	☐ 예	☐ 아니오	
테스트를 끝낸 뒤 날씨 관찰에 대한 관심이 커졌나요?	☐ 예	☐ 아니오	

예 _______ 개   아니오 _______ 개

우리 아이는 관찰력이 탁월하고 자연과학에 관심이 많은 아이!

'예'가 세 개 이상이라면 관찰력과 분류 기술이 뛰어난 아이입니다. 이와 같은 기술은 탐구지능의 기초지요. 그러므로 자연을 관찰하고 나뭇잎이나 조개껍데기 같은 자연물을 모아서 함께 분류해가며, 이 기술을 더욱 향상시킬 수 있도록 합니다.

'아니오'가 세 개 이상이라면 날씨 외의 다른 분야에 더 관심이 많

 열중할 만한 다른 관찰 대상을 제시해, 아이가 집중력을 높일 수 있도록 도와주세요.

　도시에 산다면 자연과학에 관심을 두기 어려울 수도 있습니다. 하지만 날씨만큼은 누구나 큰 관심을 보이고 또 관찰할 수 있는 대상입니다. 이 활동은 탐구지능의 핵심 기술인 관찰을 권장할 수 있는 좋은 방법이지요.

이 테스트의 목적은 일상생활 속에서 과학적 관심을 자연스럽게 이끌어내고, 과학적 대상에 대한 관찰력을 자연스럽게 키우는 데 있습니다. 날씨 일기는 아이의 자연 관찰력을 평가할 수 있는 매우 좋은 방법입니다. 작은 공책을 준비해서 적어도 2주일 동안 매일같이 '날씨 일기'를 써보도록 북돋워주세요. 만약 아이가 꾸준히 기록하지 못할 것 같다면, 처음부터 무리하지 말고 그냥 두어 항목 정도만 측정하고 기록하는 것으로 시작해봅니다. 아이에게 구름이 어떻게 형성되는지, 구름의 형성 방법이 다른 것은 어떤 의미인지 등 구름에 대해 더 많이 알아보게 하여 이번 활동을 점점 확장해보세요.

♥ 이렇게 이끌어주세요 ♥

- 천문학에 도전해보세요. 책이나 주요 별자리를 그려 넣은 별자리표를 구합니다. 그리고 한밤이 되면 옷을 따뜻하게 입고, 밖으로 나가 아이와 같이 누워보세요. 손전등으로 책이나 별자리표를 비춰 보며 얼마나 많은 별무리를 찾을 수 있는지 알아봅니다. 대부분의 아이들은 밤하늘에서 열두 개의 별자리를 찾을 수 있다는 사실을 모르고 있지요.
- 자연을 다룬 다큐멘터리 프로그램을 아이와 함께 보고, 그 내용에 대해 이야기를 나눠보세요.

23 모두 다르네!

엄마는 나뭇잎에 대한 참고 도서를 구입하거나 도서관에서 빌리고, 아니면 인터넷을 이용할 수 있게 준비합니다. 또 나뭇잎 여러 종을 보관할 수 있는 스크랩북, 풀, 펜, 카메라를 준비해주세요.

01 여러 종류의 나뭇잎을 많이 모으고, 나뭇잎이 자라는 방식과 나뭇잎의 잎맥 모양을 그림으로 그려보자.

02 나뭇잎과 관찰 노트를 보고, 인터넷이나 책에서 어떤 나무의 나뭇잎인지 찾아보자.

03 나뭇잎과 사진(있을 경우) 그리고 직접 그린 그림을 스크랩북에 붙이고, 수집한 나뭇잎마다 이름표를 달아주자.

04 나무가 열 종류 이상 될 때까지 나뭇잎을 계속 수집해보자.

자신이 무엇을 하고 있는지 이해했나요?　　　　　□ 예　　□ 아니오

나뭇잎 샘플 모으기를 즐겁게 했나요?　　　　　　□ 예　　□ 아니오

나뭇잎마다 다른 미묘한 차이를 알아차렸나요?　　　□ 예　　□ 아니오

이 테스트의 목적을 이해했나요?　　　　　　　　　□ 예　　□ 아니오

테스트를 끝낸 뒤 자연물을 수집하고 분류하는 데

관심이 커졌나요?　　　　　　　　　　　　　　　□ 예　　□ 아니오

예 ______ 개　　　아니오 ______ 개

{ **SMART GUIDE** }

우리 아이는 분류 기술이 탁월하고
관찰력이 뛰어난 아이!

'예'가 세 개 이상이라면 관찰력과 분류 기술이 뛰어난 아이입니다. 이와 같은 기술은 탐구지능의 기초이지요. 아이와 함께 자연을 관찰하고, 나뭇잎이나 조개껍데기 등의 자연물을 모아 분류하며 이 기술을 더욱 키워보세요. '아니오'가 세 개 이상이라면 나뭇잎 외의 다른 관찰 대상에 더 관심이 많을 수도 있는 아이입니다. 아이가 열중할 만한 관찰 대상을 제시해 집중력을 높일 수 있도록 도와주세요.

자연의 세계에서는 많은 일이 일어납니다. 집안 화분이나 공원 꽃밭만 봐도 여러 종의 식물이 자라고, 다양한 동물이 있다는 것을 알 수 있지요. 우리가 보기에는 혼란스러운 상태일 수도 있지만, 동식물이 살아가는 자연의 방식 그리고 과학자들이 살아 있는 생물을 묘사하고 분류하는 방식은 아주 질서 정연하답니다. 분류하는 능력, 어떤 환경을 정리해서 인식하는 능력은 탐구지능의 또 다른 특징이지요.

이 테스트의 목적은 아이의 과학적 분류력을 알아보는 데 있습니다. 부모님의 도움을 받아 나뭇잎 표본을 확인하고 나뭇잎 스크랩북을 만드는 과정을 통해 아이는 나뭇잎과 나무가 자라는 모습만 봐도 나무의 이름을 알아낼 수 있다는 사실을 배우게 되지요. 이 활동은 나뭇잎 탁본 뜨기(나뭇잎 위에 미농지를 올려놓고, 종이 위에 크레용을 칠합니다)나, 나뭇잎 스크랩북 만들기(3장의 '엄마와 함께 만드는 책'을 참고하세요) 등으로 확장할 수 있답니다.

♥ **이렇게 이끌어주세요** ♥

• 자연사 박물관이나 동물원, 아쿠아리움을 찾아가서 과학자들이 동식물을 분류하는 여러 가지 방법을 알아보세요. 아이가 그 방법들을 이해했나요? 또 그것과는 다른 분류 방법을 생각해낼 수 있었나요?
• 집 정원이나 베란다 화분에 나무를 심거나, 아이를 나무 심기 단체나 숲 체험 활동 단체에 등록해주세요. 이런 단체에는 어린이를 위한 활동과 정보가 마련되어 있답니다.

내 아이는 감정지능이 뛰어난 아이?

감정지능 테스트는 아이의 기질, 감정 인지 능력, 감정 처리 능력을 알아보는 것입니다.

- **기질**: 성격과 개성의 바탕이 되는 아이의 기질을 알아봅니다.
- **감정 인지 능력**: 자신의 감정 상태를 표현하는 능력
- **감정 처리 능력**: 감정, 기분을 제어하는 능력

이번 테스트는 앞에서부터 차례대로 하는 것이 좋습니다. 뒤에 나오는 테스트를 하기 위해서는 앞선 테스트에서 얻은 지식이 필요하기 때문이지요. 기질을 이해하는 것은 감정지능(자기이해지능)을 알아보는 가장 기초적인 활동입니다. 기질을 이해하려면 먼저 감정을 인지하고, 여러 가지 감정을 구분하는 법을 배워야 합니다. 아이가 자신의 감정이 어떤 것인지 파악하고 나면 자신의 감정 역시 스스로 조절할 수 있게 되니까요. 그래서 행동으로 바로 옮기기 전에 생각을 먼저 할 수 있게 된답니다.

감정지능 테스트는 특성상 아이가 자신의 개인 정보(감정)를 드러내야만 실행할 수 있습니다. 이 테스트에는 정답이 없답니다. 아이에게 말하고 싶지 않으면 말하지 않을 권리와 불편하면 테스트를 중단할 권리가 있다는 점을 존중해

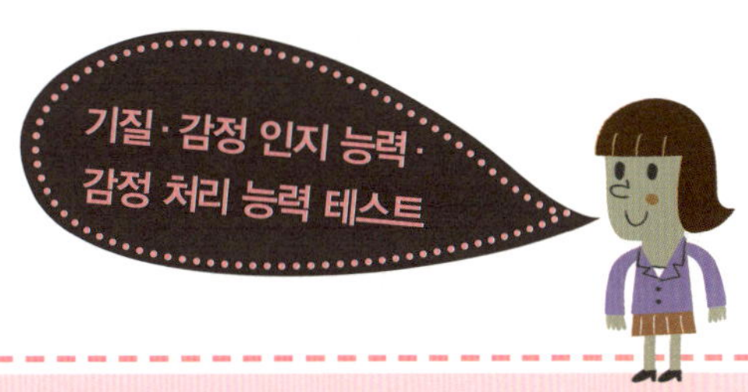

주세요. 또 아이가 심판받는다거나 '틀린' 답 때문에 벌받는다고 느껴서는 안
됩니다. 테스트를 하는 동안 아이는 미처 예상하지 못했던 이야기를 할 수도
있으며, 이를 통하여 엄마는 아이에게 속상한 일이 있었다는 사실을 알아차릴
수 있답니다. 이런 경우에는 테스트를 중단하고 아이에게 그 점에 대해 조용히
물어보세요. 당황하지 말고, 잠시 휴식을 취하면서 최선의 대응 방법을 생각해
보세요.

아이는 자신의 기분과 그 감정을 다루는 법을 배우고 있는 단계이기 때문에
테스트에 대한 반응이 다소 미숙할 수도 있습니다. 아이가 테스트 내용을 이해
하려면 시간이 걸릴 수도 있으므로, 각각의 테스트를 시작하기 전에 그 개념에
대해 충분히 이야기해주세요. 그리고 아이가 어려워할 때면, 테스트한다는 개
념에서 떠나 그냥 가족끼리 기분에 대해 이야기를 나누는 기회로 활용해도 좋
습니다. 부모님이 먼저 솔직하게 감정을 표현해서 신뢰할 수 있는 분위기를 만
들어주세요.

감정지능 테스트를 마치고 나면 부모는 아이가 잘하는 것과 어려워하는 것
을 더욱 잘 알 수 있습니다. 감정지능을 발달시킬 수 있는 가장 훌륭한 방법은
아이에게 목표를 설정하도록 하는 것입니다. '나는 과학자가 되고 싶어요' 같
이 큰 목표든, '이 책을 끝까지 읽고 싶어요'같이 작은 목표든 상관은 없습니다.

또 '그림을 그리며 지내고 싶어요' 처럼 오늘 하고 싶은 일도, '앞으로 기타 연주를 배우고 싶어요'처럼 장차 하고 싶은 일도 괜찮습니다. 핵심은 아이가 정말로 관심을 느끼는 특별한 일의 목표이고, 현실적인 동시에 도전적이어야 한다는 점입니다. 아이에게 목표를 세우고 정기적으로 검토하게 해주세요.

● **전설적인 마술사, 해리 후디니**

훗날 '해리 후디니'라는 예명을 사용한 에릭 바이스는 1874년 헝가리의 부다페스트에서 태어났습니다. 그가 돈과 모험을 찾아 집을 떠난 것은 불과 열두 살 때였죠. 일 년 동안 헝가리 전역을 돌아다닌 후, 미국의 뉴욕에서 아버지를 만났습니다. 운동을 아주 잘했던 그는 수영과 육상을 꾸준히 훈련하여 대회에 나가서 여러 차례 우승했을 뿐 아니라, 탈출 마술사로 성공하는 데 필요한 체력과 힘도 길렀답니다. 그는 밀봉한 우유 통 속에서 숨 참기 등 파격적인 공연으로 사람들의 주목을 받았지요. 후디니는 정규 학교교육은 얼마 받지 못했지만, 어마어마하게 많은 분야를 공부했습니다. "나를 자유롭게 해주는 열쇠는 내 머리다"는 그가 했던 아주 유명한 말로, 지금도 종종 인용된답니다.

24 나는 누구?

아이에게 기질에 대한 개념을 소개해주세요. 사람은 누구나 태어날 때부터 선호하는 특정 방식의 사고와 행동이 있다고 설명해주면 된답니다. 아이에게 다음의 질문 가운데 자기에게 해당한다고 생각되는 것 세 가지를 고르게 하세요.

01 나는 새를 관찰하거나, 음악을 듣고, 요리하고, 무언가를 만드는 일처럼 오감을 사용하는 활동을 좋아한다.

02 나는 어떤 일에 대해 '예감'을 하고, 내 직감을 믿는다.

03 나는 사물의 새로운 면을 알아내는 것이 좋다.

04 나는 사람들 그리고 사람들의 감정에 관심이 있다.

05 나는 과거나 미래의 일보다는 현재의 일을 생각하는 것이 더 좋다.

06 나는 새롭고 색다른 일을 할 때 행복하다.

07 나는 모든 일은 그 동기가 좋아야 한다고 생각한다.

08 나는 다른 사람의 감정에 영향을 줄 수 있다. 내 기분이 좋으면 다른 사람도 행복해지니까.

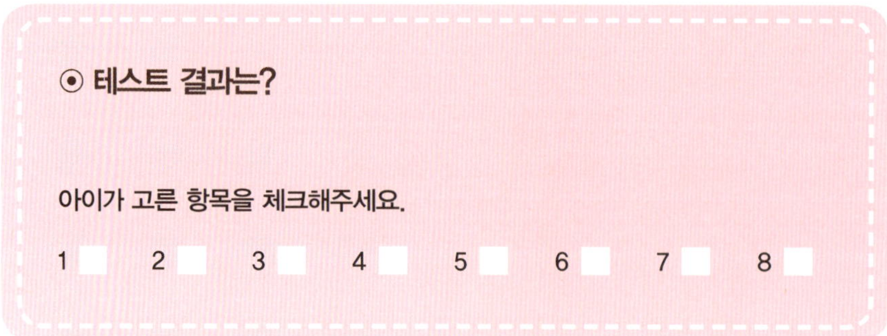

우리 아이는
현실적, 직관적, 합리적, 감정적 기질의 아이!

(1)과 (5)를 골랐다면 자신의 감각을 믿고 따르며, 적응력이 뛰어나고, 실제적이고 현실적인 '감지' 기질을 타고난 아이입니다. 감지 기질의 약점은 과거의 경험에서 교훈을 얻거나 미래를 생각하지 않고, 오직 현실적으로만 생활하는 것입니다.

(2)와 (6)을 골랐다면 내면의 소리가 강하고, 정보나 행동에서 패턴을 알아낼 수 있는 '직관적' 기질의 아이입니다. 직관적 기질의 약점은 현재보다 미래를 더 많이 걱정하고, 기계적인 일을 싫어합니다.

(3)과 (7)을 골랐다면 논리력이 강하고, 이성적으로 사고하여 합리적으로 평가하는 '사리 분별' 기질의 아이입니다. 사리 분별 기질의 약점은 사람들에게 냉정하고 감정이 없는 것처럼 보일 수 있으며, 자기감정을 이야기하기 어려워하는 것입니다.

(4)와 (8)을 골랐다면 정서적으로 따뜻하고 윤리 의식이 강하며,

'좋은 것'과 '나쁜 것'을 잘 아는 '감정적' 기질의 아이입니다. 감정적 기질의 약점은 사람을 감정적으로 교묘하게 다루고, 성격이 까다롭거나, 오해를 잘한다는 것이지요.

마지막으로 아이가 선택한 항목 세 개가 모두 다른 기질에 해당한다면, 세 가지 기질이 모두 섞여 있는 아이입니다.

사람은 누구나 천성적으로 타고난 특징이 있습니다. 이것을 '기질'이라고 하지요. 사람의 기질을 구성하는 요소에는 태도, 기분, 성향이 있습니다. 이 요소들이 어린 시절의 성격 및 개성 발달 과정에 영향을 미치는 것이고요. 기질의 유형을 결정하는 것은 오감을 통해 얻은 정보를 사용하는지의 여부, 내면의 목소리에 귀를 기울이는지의 여부, 어떤 결정을 내릴 때 그 근거가 논리인지 감정인지의 여부 등입니다.

이번 테스트의 목적은 우리 아이가 어떤 기질의 아이인지를 파악하는 데 있습니다. 아이들 대부분은 네 가지 기질이 조금씩 섞여 있는 가운데 그중 한 가지 기질이 두드러지게 나타납니다. 아이에게 자신이 어떤 유형인지를 깨닫게 해주면 아이는 자기 자신을 정서적으로 잘 파악할 수 있게 되지요. 감정 지능이 높은 아이와 어른은 자신의 기질을 잘 알기 때문에, 강점은 자유롭게 사용하고 약점은 노력으로 극복할 수 있답니다.

테스트가 끝나고 결과를 확인한 다음에는 아이와 함께 결과에 대해 이야기를 나눠보세요. 또 엄마인 자신에게 해당하는 항목을 고르고, 엄마의 기질에 대해 아이와 이야기하며 테스트 영역을 넓혀봐도 좋답니다.

● 저마다 다른 기질의 사람들은 저마다 느끼고 행동하는 것이 어떻게 다른지 이야기를 나눠봅니다. 그들은 어떤 취미가 있을까요? 어떤 일을 할까요? 일반적으로 직관적 기질의 사람은 좋은 상담사가 될 가능성이 높고, 감지 기질의 사람은 악기 연주 등을 즐깁니다.

● 아이에게 오늘은 누구와 함께 놀았는지 어떤 텔레비전 프로그램을 보았는지 등 하루 동안 내렸던 결정을 죽 적어보라고 합니다. 그 결정에 영향을 준 것은 무엇이었을까요? 아이는 왜 그렇게 행동했을까요? 아이의 기질을 고려하여 생각해보세요.

25 기분을 말해봐

아이에게 사람은 누구나 여러 가지 기분을 느끼며 그것들은 옳고 그른 것도 아니고, 좋고 나쁜 것도 아니고, 항상 같은 것도 아니라고 설명해주세요. 단어 하나하나의 의미를 알려주고, 감정과 함께 나타나는 신체 변화도 설명해주세요. 아이에게 어제 느꼈던 기분을 설명할만한 단어들을 골라보게 하세요.

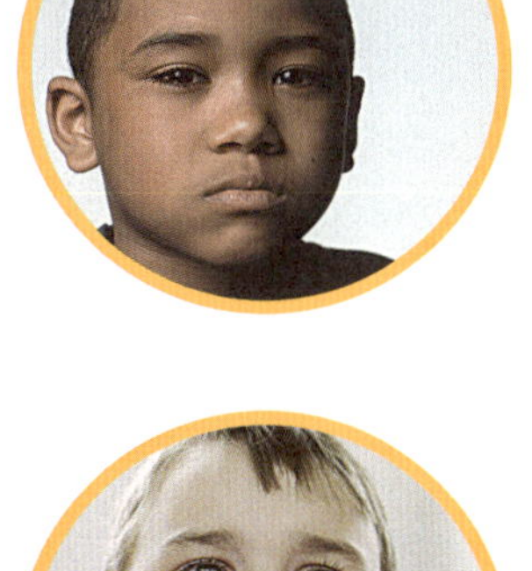

화나요	짜증이 나요
긴장돼요	걱정이 돼요
사랑스러워요	당황해요
무척 흥분돼요	질투해요
슬퍼요	행복해요
외로워요	무서워요
부끄러워요	깜짝 놀라요
자랑스러워요	친절해요

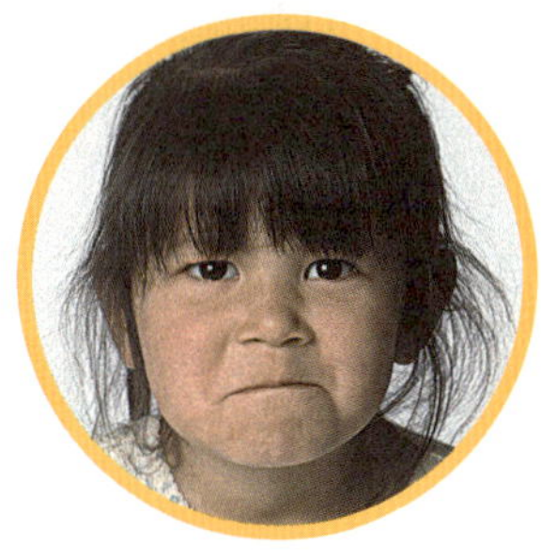

⊙ **테스트 결과는?**

자신이 무엇을 하고 있는지 이해했나요?	☐ 예	☐ 아니오
자신이 경험한 감정을 확인할 수 있는 것처럼 보였나요?	☐ 예	☐ 아니오
열거하지 않은 다른 감정도 알아챘나요?	☐ 예	☐ 아니오
이 테스트의 목적을 이해했나요?	☐ 예	☐ 아니오
테스트를 끝낸 뒤 자기감정의 다양한 종류를 더욱 의식하게 되었나요?	☐ 예	☐ 아니오

예 ____________ 개   아니오 ____________ 개

우리 아이는 자기감정을 잘 인지하고 다른 사람을 잘 이해하는 아이!

'예'가 세 개 이상이라면 자신을 잘 인식하고, 자기감정을 잘 표현하는 아이입니다. 감정 확인은 감정 처리의 첫 단계이기 때문이지요. 감정 인지 능력이 발달한 사람은 정기적으로 자신의 감정 상태에 대해 생각하고, 이런 통찰력을 이용하여 까다로운 감정에도 잘 대처할 수 있답니다.

'아니오'가 세 개 이상이라면 아직 어휘력이 부족해 자기감정을 제

대로 표현하지 못한 아이일 수 있습니다. 단어 하나하나가 어떤 의미인지를 설명해주고, 관련된 사례를 알려주세요.

사람들은 매일 아주 다양한 감정을 경험합니다. 아주 드물게 느끼는 감정도 있고, 정기적으로 자주 느끼는 감정도 있습니다. 마음속에서 생겨나는 감정을 인지할 수 있는 능력은 감정지능의 중요한 요소입니다. 감정을 이해하면 그 감정을 밖으로 표현할 수 있고, 왜 그런 기분이 들었는지 그 이유도 이해되기 시작하지요. 아이들은 표현력이 부족해 자신의 기분이 왜 안 좋은지를 제대로 설명하지 못해요. 그러므로 어떤 기분인지 제대로 말할 수 있다면, 그 기분 역시 잘 다룰 수 있게 된답니다.

이 테스트의 목적은 아이에게 감정이란 무엇인지 그 개념을 소개하고 이해시키는 데 있습니다. 아이가 자기 기분을 알고 이해할 수 있게 된다면 기분이 좋아지는 것은 물론 자기 자신을 더 잘 이해하게 되지요. 또 어떻게 하면 기분이 아주 좋아지는지 알게 되고, 안 좋은 기분은 좀 더 쉽게 극복할 수 있게 된답니다. 아이가 왜 그런 기분을 느꼈는지 대화를 나눈 뒤에는 아이가 겪었던 다른 기분에 대해서도 생각해 볼 수 있는 시간을 주세요. 그리고 엄마의 기분에 대해 아이와 의논하는 식으로 이 활동을 확장해봅니다.

♥ 이렇게 이끌어주세요 ♥

• 슬플 때 그리고 감정적으로 활력을 불어넣어 주어야 할 때를 대비하여 아이에게 '위로' 상자를 만들게 합니다. 그리고 멋진 추억을 떠올릴 수 있는 물건이나, 기분을 좋게 해줄 물건을 넣습니다. 축제 때 찍었던 사진, 좋아하는 음악, 껴안고 자던 낡은 장난감, 아이가 좋아하는 사탕, 엄마와 함께 만들 수 있는 음

식 레시피 등을 넣으면 좋습니다. 상자는 필요할 시점까지 계속 보관하세요.

● 테스트에서 확인한 감정 가운데 특정 사건과 관련이 있는 감정 하나를 고르게 합니다. 긍정적인 감정도 괜찮고 부정적인 감정도 괜찮습니다. 그리고 실제 일어났던 사건에 대해 이야기를 합니다. 아이가 그 사건을 어떻게 생각하고 느끼는지 대화를 나눠보세요. '그다음에 무슨 일이 생겼니?', '그때 넌 어떤 생각을 했니?', '어떤 기분이 들었니?', '지금은 기분이 어떠니?' 등을 물어봅니다.

26 기분일까? 행동일까?

다음 글을 읽고 A와 B가 기분인지, 행동인지 생각해보세요. 엄마는 아이와 함께 다음의 글을 하나씩 잘 읽고, 아이 스스로 생각한 대답을 들어주세요.

01 친구가 다른 곳으로 이사 갈 거래.

A. 슬퍼요.

B. 계속 연락할 수 있도록 새 주소를 물어봐요.

02 누나(또는 오빠)가 좋아하는 장난감을 부서뜨렸어.

A. 고쳐주겠다고 해요.

B. 죄책감이 들어요.

03 한밤중에 이상한 소리가 들려왔어.

A. 무서워요.

B. 엄마 방에 가서 말씀드려요.

04 우리 팀이 운동 경기에서 이겼어.

A. 할아버지, 할머니께 전화해서 기쁜 소식을 알려드려요.

B. 기뻐요.

05　친구가 이제 나와 놀고 싶지 않다고 했어.

A. 슬퍼요.

B. 친구에게 가서 이유를 물어봐요.

⊙ **테스트 결과는?**

		예		아니오
1. A. 기분 B. 행동		☐ 예		☐ 아니오
2. A. 행동 B. 기분		☐ 예		☐ 아니오
3. A. 기분 B. 행동		☐ 예		☐ 아니오
4. A. 행동 B. 기분		☐ 예		☐ 아니오
5. A. 기분 B. 행동		☐ 예		☐ 아니오

예 ＿＿＿＿ 개　　　아니오 ＿＿＿＿ 개

우리 아이는 기분과 행동을 이해하고 감정 처리를 잘하는 아이!

'예'가 다섯 개 이상이라면 감정지능의 기본 요소인 기분과 행동을 구분할 줄 아는 능력이 있는 아이입니다. 실생활에서 아이에게 행동과 기분에 대한 질문을 하고, 이 능력을 더욱 키워주세요. 발끈한 상황에서 행동을 멈추고 생각하기란 더욱 어려우니까요.

'예'가 네 개 이하이라면 기분과 행동의 차이점에 대해 부모님의 가르침이 더 필요한 아이입니다. 앞서 언급했던 상황에 대해 아이와 이야기를 나누고, 어떤 일에 대한 생각과 느낌은 실제 행동과 다르다는 점을 설명해 주세요.

감정지능이 발달한 사람들의 특징 중 하나는 생각, 기분, 반응을 구분할 수 있다는 점입니다. 누군가가 나에게 소리 지르고 나도 마음의 상처를 받아 맞소리 치는 일은 거의 동시에 일어나기 때문에, 그 세 가지를 구분하기란 사실 어려운 일이지요. 하지만 그 차이를 구분할 수 있다면 심사숙고를 하게 되고, 그 과정에서 자신의 기분이 어떤지 알아보기도 전에 행동부터 앞서는 일이 없어지며, 가장 효과적인 반응이 무엇인지 궁리할 수 있도록 도와준답니다. 하지만 사람들은 일반적으로 생각보다 행동이 먼저인 반응을 보이곤 하지요.

이 테스트의 목적은 아이가 기분과 행동의 차이를 얼마나 알고 있는지 알아보는 데 있습니다. '올바른 일'을 하려면 기분과 행동을 구분하는 것이 중요합니다. 이 테스트를 통해 아이는 기분 상하는 일이나 화나는 일이 생기면 제대로 생각하기가 어렵게 된다는 사실을 알게 될 것입니다. 테스트를 할 때는 반드시 상황이 제시된 문장을 아이와 함께 하나씩 잘 읽고, 아이 스스로 기분인지 행동인지를 판단하게 해주세요. 또 아이에게 머릿속에서 느끼는 기분과 실제 행동의 차이를 강조해주시고요.

이때 신호등 분석 방법을 이용하면 아이에게 각각의 방법을 잘 가르칠 수 있답니다. 어떤 일이 발생한다면 그 일을 빨간불이라고 말해주세요. 그리고 아이에게 하던 일을 멈추고 무엇이 문제인지 생각해보라고 하세요. '불'이 주황색으로 바뀌면 지금 자신의 기분이 어떤지 알아보는 것을 그만두고, 최선의 행동 방침을 세워보라고 격려해주세요. 초록색 불은 계획이 준비된다면 앞으로 나아갈 수 있다는 신호랍니다.

♥ 이렇게 이끌어주세요 ♥

역할 놀이를 해보세요. 이 놀이는 아이가 자주 발생할 수 있는 까다로운 상황에 대처하도록 도와주는 아주 좋은 방법이랍니다. 그런 상황으로 어떤 것이 있는지 아이와 의논한 다음, 엄마는 다른 아이의 역할을 맡아 역할 놀이를 시작해보세요. 이 놀이를 통해 아이는 곤란한 상황에 대비할 수 있고, 불편한 일은 어떤 것인지 말하는 연습을 할 수 있답니다.

내 아이는 정서지능이 뛰어난 아이?

이번은 다중지능이론을 바탕으로 아이의 정서지능을 파악하는 테스트입니다. 의사소통 능력·감정 전달 능력·갈등 해결 능력·사교성의 네 항목을 평가하며, 각 항목에서 테스트하는 대상은 정서지능의 주요 기술입니다. 네 항목 가운데 돋보이는 부분과 채워야 할 부분은 아이들마다 다르게 나타날 것입니다.

- **감정 전달 능력:** 사람들이 여러 감정을 느낄 때 목소리나 몸짓을 어떻게 사용하는지 이해하는 능력
- **사교성:** 새 친구를 사귀고 원래의 친구 관계를 더욱 발전시키는 능력
- **갈등 해결 능력:** 친구 사이의 문제를 해결하고 누구나 만족할 수 있는 해결책을 찾아내는 능력
- **의사소통 능력:** 사회생활을 하며 겪게 되는 '거절'에 낙천적인 태도를 유지하고, 걸림돌의 원인을 긍정적으로 생각하는 능력

어린아이의 친구 관계는 사실 일시적인 경우가 많습니다. 또한 아이는 자기중심적이어서 하나의 사건을 다른 아이의 시각으로 보는 것도 참 어렵습니다. 하지만 바로 이때야말로 아이가 친구 관계를 맺고 발전시키는 법을 배우기에 딱 좋은 시기지요. 부모는 자녀가 긍정적으로 노력하고 행동하면 어려운 상황

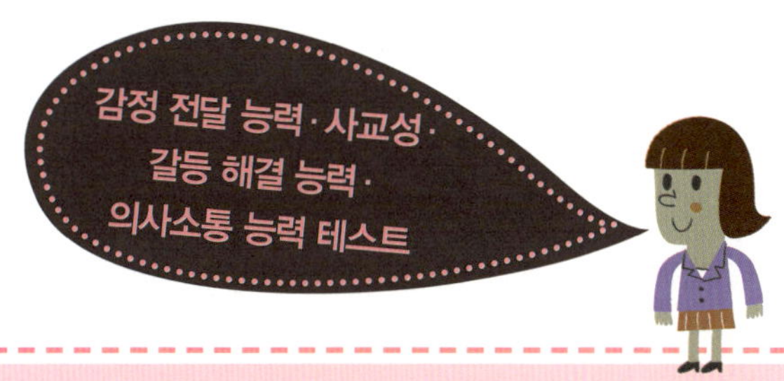

도 개선할 수 있다고 생각하는 아이로 자라도록 도와주세요. 그래야만 아이가 다른 사람과 자신의 관계를 좋게 보고 친구가 될 수 있답니다.

정서지능 테스트는 부모와 아이 사이의 상호작용을 필요로 합니다. 부모와 아이의 열린 대화를 권장하도록 고안되었기 때문에 테스트의 정답이 없습니다. 무엇보다 중요한 것은 부모가 테스트에 대해 차분하고 중립적인 태도를 유지하여, 아이가 자신의 기분과 친구 관계를 솔직히 이야기하도록 격려하는 것이랍니다. 아이가 이야기할 '마음이 내키도록' 하고, 아이가 '이제 됐다'고 하면 더 이상 대답을 강요하지 말고 다음에 다시 하도록 합니다.

테스트하는 동안 아이는 예상하지 못한 이야기를 할 수도 있습니다. 아이가 걱정된다면 테스트를 중단하고 온화한 태도로 이야기를 들어주고 대화를 나누세요. 당황하지 말고 침착한 태도를 유지해야 한답니다. 잠시 쉬는 시간을 두면서 어떻게 처리하는 것이 가장 좋을지 잘 생각해보세요. 이번 테스트는 아이와 친구, 기분, 대인 관계에 대해 이야기를 나눌 기회라고 여겨야 합니다. 남자아이는 무리 짓는 친구들을 좋아하는 경향이 있으며, 여러 명이 함께 놀거나 운동하는 등 활발한 신체 활동 위주의 상호작용을 합니다. 한편 여자아이는 단짝 친구나 친한 친구끼리만 가깝게 지내는 경향이 있으며, 신체 활동보다는 자기 기분을 이야기하는 등의 상호작용을 한답니다.

엄마는 아이에게 새 친구를 놀이에 초대하라고 말하거나 아이가 흥미 있는 분야의 모임에 가입하라고 권하여, 아이가 친구의 범위를 넓힐 수 있도록 도와줘야 합니다. 아이에게 적극적인 태도와 놀고 싶을 때, 마음이 상했을 때, 다른 아이의 강요가 싫을 때는 자신의 의견을 밝히라고 가르치세요. 아이와 함께 좋은 친구를 만드는 것은 무엇인지 대화를 나눠보세요. 아이는 엄마의 생활을 보면서 자신도 스스로 선택한 사람과 친구가 될 수 있다고 생각하나요?

{ WHIZ TIP }

● 여성 리더, **마거릿 대처**

마거릿 힐다 로버츠는 1925년 영국의 그랜섬에서 태어났습니다. 영리했던 소녀는 열렬한 지방 정치인이던 아버지의 영향을 받아 일찌감치 하원의원이 되기로 마음먹었답니다. 옥스퍼드 대학교에서 화학을 공부하고, 옥스퍼드 대학교 보수연합회의 첫 여성 회장이 되었습니다. 1959년에는 마침내 하원의원에 당선되었지요. 분석적이고 논리정연하며 야심 찬 대처는 이내 다른 정치인들 사이에서 두각을 드러냈고, 1974년 보수당 당수가 된 후 총리로 선출되었습니다. 유럽 최초의 여성 총리였답니다.

27 목소리가 달라!

엄마는 큰 소리로 처음에는 슬프게, 다음에는 행복하게, 그다음에는 화난 것처럼 감정을
표현하며 동요를 부르거나 혹은 시를 읊어주세요. 그리고 아이에게 엄마의 기분이 어떤 것 같은지,
목소리만 듣고 맞춰보게 하세요.

01 목소리만 듣고 엄마의 감정 상태를 맞춰볼까?

02 어떻게 구분할 수 있었는지 말해볼까?

◉ 테스트 결과는?

		예		아니오
자신이 무엇을 하고 있는지 이해했나요?	☐	예	☐	아니오
감정 알아맞히기를 즐겁게 했나요?	☐	예	☐	아니오
목소리로 엄마의 감정을 확인할 수 있었나요?	☐	예	☐	아니오
이 테스트의 목적을 이해했나요?	☐	예	☐	아니오

테스트를 끝낸 뒤 사람들이 감정을 전달하기 위해

사용하는 목소리나 신체 언어에 대한 관심이

커졌나요?　　　　　　　　　　　☐ 예　　☐ 아니오

예 ＿＿＿ 개　　아니오 ＿＿＿ 개

{ SMART GUIDE }

우리 아이는 감정을 잘 파악하고 감정을 잘 전달하는 뛰어난 아이!

'예'가 세 개 이상이라면 상대의 목소리와 표정으로 감정을 느낄 수 있는 아이입니다. 목소리와 표정을 이해하는 것은 정서지능의 결정적인 요소지요. 이 능력이 있는 아이는 아마 사회생활을 하며 새로운 사람을 만날 때 역시 마음 편하게 임하며 좋은 결과를 이끌어낼 것입니다.

'아니오'가 세 개 이상이라면 말이나 신체 언어에 감정이 들어가 있다는 개념을 처음 접한 아이일 수 있습니다. 아이에게 화가 난 사람들은 왜 소리를 지르고 긴장하는지, 행복한 사람들은 왜 목소리가 경쾌해지고 긴장이 풀리는지에 대해 설명해주세요.

정서지능이 발달한 어른과 아이는 다른 사람의 감정, 필요와 욕구, 행동 원인을 아주 잘 이해합니다. 이러한 이해력의 핵심 기술은 귀 기울여 듣기와 관찰하기이지요. 사람들은 자신의 진심이나 진짜 필요한 것을 표현할 때 말뿐만 아니라 표정과 몸동작으로 상대에게 힌트를 줍니다. 그리고 민감한 사람은 이런 힌트를 잘 포착하지요.

이 테스트의 목적은 아이가 목소리와 행동을 통해 그 사람의 감정을 이해할 수 있고 소통할 수 있는지 알아보는 데 있습니다. 사람은 누구나 목소리를 내서 이야기하고 말하고 다른 사람과 소통합니다. 어른들은 사람의 기분에 따라 목소리를 다양한 방식으로 낸다는 사실을 알지만 아이들은 어떨까요? 아이들은 부모님의 목소리와 표정을 통해 부모님이 행복한지 슬픈지 아니면 화가 났는지 부모님의 감정을 확인하려고 한답니다.

♥ 이렇게 이끌어주세요 ♥

● 아이와 함께 텔레비전 드라마나 영화를 볼 때 등장인물들이 말하는 방식에 주의를 기울여서 보세요. 그리고 각각의 인물이 어떤 기분일지 이야기를 나눠보세요. 아이가 걱정이나 질투, 놀람, 공포, 친절과 같이 비교적 미묘한 감정을 파악할 수 있는지 확인해봅니다.

● 아이와 함께 앉아서 행복, 슬픔, 분노와 비슷한 단어를 생각해내서 말해봅니다. 행복과 비슷한 말로는 '즐거움'이나 '기쁨', 슬픔과 비슷한 말로는 '음울'이나

'우울', 분노와 비슷한 말로는 '성남'이나 '불쾌' 등이 있지요. 아이는 이 활동을 통해 감정과 관련된 어휘를 익힐 수 있답니다.

● 아이에게 '모르겠어', '널 봐서 정말 기뻐', '난 못 들었어', '네가 내 장난감을 부숴서 정말 화가 나' 등의 여러 문장을 제시하고, 거울을 보면서 그 말에 담긴 감정에 알맞은 표정을 지어보게 하세요. 그런 다음에는 이 활동을 놀이로 바꿔서 아이가 표정을 지으면 엄마는 아이가 어떤 감정을 나타내는지 문장으로 알아맞히는 놀이를 합니다.

28 친구가 되자

먼저 아이와 함께 '친구 만들기'에 대해 이야기하세요. 그리고 아래에 소개한 여러 방법 중에서 '친구 만들기'에 좋은 방법과 좋지 않은 방법을 구분하게 해주세요. 구분을 마치면 왜 그렇게 선택했는지 아이와 이야기하며 활동을 확장합니다.

01 사람을 보면 미소를 짓는다.

02 사람들의 환심을 사기 위해 부자인 척한다.

03 상대가 관심을 느낄 만한 이야깃거리를 찾는다.

04 다른 사람이랑 같이 놀 수 있는 게임을 하자고 말을 한다.

05 누군가가 나에게 이야기하고 있을 때 다른 데로 간다.

06 누군가 혼자 있다면 함께 놀 수 있는 방법을 생각한다.

07 상대에게 아무것도 묻지 않고 내 이야기만 한다.

08 똑같은 걸 좋아하는 사람들을 찾아서 모임에 가입한다.

09 혼자 서서 아무에게도 말을 걸지 않는다.

⊙ **테스트 결과는?**

		예		아니오
1. 좋은 방법	☐	예	☐	아니오
2. 좋지 않은 방법	☐	예	☐	아니오
3. 좋은 방법	☐	예	☐	아니오
4. 좋은 방법	☐	예	☐	아니오
5. 좋지 않은 방법	☐	예	☐	아니오
6. 좋은 방법	☐	예	☐	아니오
7. 좋지 않은 방법	☐	예	☐	아니오
8. 좋은 방법	☐	예	☐	아니오
9. 좋지 않은 방법	☐	예	☐	아니오

예 _____ 개   아니오 _____ 개

우리 아이는
교우 관계가 뛰어난 아이!

'예'가 다섯 개 이상이라면 친구 만들기의 기본 '규칙'을 잘 알고 있으며, 정서지능을 갖춰가는 과정에 있는 아이입니다. 사교성은 사춘기와 성년기로 갈수록 더욱 중요해진답니다.

'예'가 다섯 개 이하라면 친구를 만들기 위해 더욱 적극적으로 손을 내밀어야 하는 아이입니다. 하지만 거절당할 위험도 함께하므로 용기가 필요하지요. 아이가 걸림돌을 긍정적으로 바라볼 수 있도록 아이의 자신감을 높여주세요. 아이와 친구 관계에 대해 자주 이야기 나누는 것도 좋은 방법이랍니다.

이 테스트의 목적은 우리 아이의 교제 성향을 가늠해보는 데 있습니다. 아이의 성향을 파악한 다음, 아이의 좋은 성향은 더욱 격려해주고 좋지 않은 성향은 바른 길로 인도해주세요.

친구 관계는 아이의 생활에 아주 중요한 부분이며, 단순한 놀이 친구 이상의 의미가 있습니다. 아이는 친구 관계를 통해 정서적으로뿐만 아니라 도덕적으로도 발달하기 때문이지요. 그리고 친구 관계를 통해 자신의 감정을 조절하는 법과 다른 사람의 감정에 반응하는 법도 연습하게 됩니다. 또한 의사소통하는 법, 협력하는 법, 문제를 해결하는 법도 배우지요. 심지어 학교에 친한 친구가 있으면 학교 공부에 임하는 태도가 좋아지는 등, 친구 관계는 학교 성적에도 영향을 미친답니다.

♥ 이렇게 이끌어주세요 ♥

● 아이의 친구들을 집으로 초대해서 함께 놀도록 해 친구 관계의 폭을 넓혀주세요. 내성적인 성격이라면 약간 어린 나이의 친구를 초대하여 아이가 친구 관계를 주도할 수 있는 기회를 마련해주세요. 약간 으스대는 성격이거나 장난감, 간식 등을 독점하려는 경향이 있다면 공원처럼 중립적인 장소에서 친구와 만나도록 해주세요.

● 아이에게 '사교 지도'를 그리게 합니다. 종이 한가운데에 아이의 이름을 쓰고, 그 주변에 가장 친한 사람(친구와 가족)의 이름을 적게 하세요. 그리고 그 바깥에 친하지는 않지만 아는 사람의 이름을 적게 합니다. 가능한 많이 적게 하세요. 다 적은 후에는 아이와 함께 지도에 대해 이야기해보세요. 아이가 더 친해지고 싶어 하는 사람이 있었나요?

29 ~라면 어떻게 할 거니?

엄마는 아이가 맞닥뜨릴 수 있는 곤란한 상황을 제시해주세요. 그리고 아이에게 그 상황에 처했다면 어떻게 할 것인지 물어보세요. 테스트가 아니라 평소처럼 편안히 대화하는 것이 중요하답니다.

01 피자 한 조각이 남았다면 어떻게 할 거니?

나는 오빠(또는 언니)와 ___________________________________ .

02 가지고 노는 장난감을 다른 아이가 빼앗는다면 어떻게 할 거니?

나는 ___________________________________ .

03 엄마 휴대폰을 갖고 놀다가 고장이 났다면 어떻게 할 거니?

나는 ___________________________________ .

04 친구가 같이 사용하는 물건을 혼자만 쓰고 돌려주지 않는다면
어떻게 할 거니?

나는 ___________________________________ .

05 네가 하지 않은 일에 대해 선생님이 나무라신다면 어떻게 할 거니?

나는 ___________________________________ .

⊙ 테스트 결과는?

자신이 무엇을 하고 있는지 이해했나요?　　　　　　☐ 예　　☐ 아니오

여러 가지 각본을 이야기하며 즐거워했나요?　　　　☐ 예　　☐ 아니오

문제와 갈등을 해결할 수 있는 아이디어를 내고

상황을 신중히 평가할 수 있었나요?　　　　　　　☐ 예　　☐ 아니오

이 테스트의 목적을 이해했나요?　　　　　　　　☐ 예　　☐ 아니오

테스트를 끝낸 뒤 문제 해결 또는 갈등 해결책에 대한

관심이 커졌나요?　　　　　　　　　　　　　　☐ 예　　☐ 아니오

예 ＿＿＿＿ 개　　　아니오 ＿＿＿＿ 개

우리 아이는 문제를 파악하고 조절하는 능력이 뛰어난 아이!

'예'가 세 개 이상이라면 친구와의 갈등을 능숙하게 해결할 수 있는 아이입니다. 이 능력은 오랫동안 지속될 수 있는 친구 관계를 맺고, 또 협상가처럼 또래 친구를 대할 때 유용합니다.

'아니오'가 세 개 이상이라면 아직은 미숙한 방법으로 문제를 해결하고 있을 가능성이 높은 아이입니다. 그러므로 친구와 오랫동안 사이

좋게 지낼 수 있는 다른 방도를 배워야 합니다.

아이들 사이에서 친구 관계가 아주 팽팽하게 긴장되는 일이 생기기도 합니다. 이럴 때는 만족스러운 해결책을 찾아 의견 차이를 해결하는 능력이 중요하지요. 관계에 문제가 생길 때면 아이는 흔히 울거나 부모님께 달려가는 식으로 반응합니다. 그러나 이런 방식은 별로 좋지 않답니다. 정서지능이 발달한 아이는 문제가 무엇인지를 파악하고, 그 문제를 해결할 아이디어를 생각하고, 아이디어를 하나하나 평가해서 가장 좋은 방법을 결정한답니다.

이 테스트의 목적은 아이가 친구와의 관계 속에서 갈등이 불거질 때 어떻게 대처하는지 아이의 반응을 알아보는 데 있습니다. 테스트를 할 때는 아이와 질문하는 여러 상황에 대해 이야기를 나눠보세요. 중요한 것은 엄마와 아이 모두 긴장을 풀고, 잡담하듯 진행하세요. 엄마는 아이가 문제를 이해하고, 해결 방법을 여러 가지로 제시하고, 구체적인 행동의 결과를 예상할 수 있는지, 그렇게 해서 가장 좋은 행동 계획을 세울 수 있는지를 평가해주세요. 이후 아이에게 각 '방법'의 찬성과 반대 이유, 그리고 그 방법을 행동에 옮겼을 때 예상되는 결과에 대해 이야기해주세요.

♥ 이렇게 이끌어주세요 ♥

• 아이는 일상에서 어른들의 모습을 지켜보며 문제를 해결하는 기술을 배웁니다. 따라서 가족끼리 의논할 때 꼭 아이를 포함시켜주세요.
• 다른 사람의 관점을 이해하고 감정을 예상할 수 있는 능력이 있다면 문제 해결에 도움이 된답니다. 이 같은 능력을 공감 능력이라고 하지요. 아이의 공감 능력을 키울 수 있도록 자원봉사를 권해보는 것도 좋은 방법이랍니다.

30 무슨 일이 있었을까?

아이는 다음과 같은 상황이 벌어진 이유를 무엇이라 생각할까요? 엄마는 친구에게 무슨 일이 있었는지 아이에게 물어보세요. 테스트가 아닌 대화를 하듯 긴장을 풀고 이야기를 나눠주세요.

01 간식을 함께 먹자고 했지만, 친구들이 '싫어'라고 말했다.
친구들에게 무슨 일이 있었을까?

02 서로 이야기하는 두 친구에게 가까이 다가갔더니 대화를 멈췄다.
친구들에게 무슨 일이 있었을까?

03 매일 함께하는 단짝 친구인데 오늘은 그 친구가 다른 아이와 함께
앉았다. 친구에게 무슨 일이 있었을까?

⊙ **테스트 결과는?**

자신이 무엇을 하고 있는지 이해했나요?　　　　　□ 예　□ 아니오

다양한 상황에 자신을 대입해서 생각할 수 있는

것처럼 보였나요?　　　　　　　　　　　　　　□ 예　□ 아니오

다른 아이들의 행동에 대해 외적 원인과 내적 원인을

모두 제시할 수 있는 것처럼 보였나요?　　　　　□ 예　□ 아니오

이 테스트의 목적을 이해했나요?　　　　　　　　□ 예　□ 아니오

사회생활의 걸림돌을 긍정적으로 받아들이는 능력이

향상되었나요?　　　　　　　　　　　　　　　　□ 예　□ 아니오

예 _____ 개　　　아니오 _____ 개

{ **SMART GUIDE** }

우리 아이는 긍정적인 시각을 가진 의사소통 능력이 뛰어난 아이!

'예'가 세 개 이상이라면 정서지능이 확실히 있으며 정서적으로 쾌활하고 낙천적인 아이입니다. 나이를 먹은 뒤에도 사람들과 편안하고 가치 있는 관계를 맺을 수 있는 아이지요.

'아니오'가 세 개 이상이라면 아마 다른 사람의 관점에서는 현재의

모습이 다소 어리게 느껴질 수 있는 아이입니다. 나이를 먹고 성숙해지면 점점 나아질 것입니다. 부모는 사회생활의 걸림돌을 낙관적으로 대하는 모습을 보여주고, 아이가 낯선 사람들에게도 개방적인 태도를 취하도록 격려해주세요.

누구나 한 번쯤은 대화에서 거부당한 느낌을 받거나, 같이 대화를 나누려고 애쓰다가 냉대받아본 경험이 있을 것입니다. 아이도 마찬가지죠. 이럴 때 보이는 아이의 반응은 매우 다양하답니다. 화를 내면서 다른 아이가 자기를 '해코지한다'고 느끼는 아이가 있는가 하면, 뒤로 한 발 물러나 그 아이들은 시시해서 재미없을 것이라고 생각하는 아이도 있습니다. 정서지능이 발달한 아이는 거절을 일시적인 것이라고 생각하거나 자신이 다르게 행동했어야 한다는 반응을 보입니다. 어쩔 수 없는 상황이어서 같이 놀 수 없었을 것이라고 생각하지요. 예를 들어 두 아이가 장난감 트럭 하나를 가지고 놀 경우, 두 아이는 한 명이 더 늘면 놀기 힘들다고 생각해서 놀이에 끼워주지 않을 수도 있다고 생각합니다.

이 테스트의 목적은 아이가 친구에게 거절당했을 때 서운한 마음이 들 수 있는 상황을 어떻게 받아들이는지 알아보고, 아이의 사교성을 키워주는 데 목적이 있습니다. 친구를 사귀는 일이 항상 쉬울 수는 없습니다. 아이가 친구에게 함께 놀자고 청했지만 친구가 '미안해, 못 놀아'라고 대답한 적도 있을 테지요. 아마도 아이는 마음의 상처를 받겠지만, 실은 그 친구에게 그럴 만한 사정이 있었을지도 모릅니다. 예를 들어 그 친구가 그날 바빴을 수 있고, 아니면 안 좋은 일이 있어서 놀 기분이 아니었을 수도 있습니다. 또 아이가 웃으며 말하지 않았거나, 친절해 보이지 않았을 수도 있답니다.

테스트를 할 때는 엄마와 아이 모두 테스트란 사실을 잊고 제시된 주제에 대해 대화하면서, 함께 외적인 동기(다른 아이와 관련된 것)와 내적인 동기(내 아이와 관련된 것)를 모두 찾아봅니다. 각 상황에서 아이가 어떻게 다르게 행동해야 할지에 대해서도 이야기해주면 이 활동이 더욱 확장되지요.

♥ 이렇게 이끌어주세요 ♥

다른 사람들의 좋은 점을 보게 할 수 있는 좋은 방법으로 '칭찬 상자'가 있습니다. 아이와 함께 칭찬 상자를 만들고 예쁘게 장식하세요. 그리고 집 안의 눈에 잘 띄는 곳에 상자와 종이, 펜을 함께 놓아두세요. 온 가족이 서로의 특별한 점을 짧게 적어서 상자에 넣습니다. 일주일에 한 번씩 상자를 열고, 돌아가면서 메모를 읽어보세요.

3장
SMARTER
than you think!

놀이처럼 즐기고 더 똑똑하게 만드는 지능코칭

　　3장에서 소개하는 34가지 지능코칭 활동은 아이가 흥미로워하고, 아이에게 동기를 주며, 아이가 나중에 학교에서 배울 학습 내용을 반영한 주제로 구성되었습니다. 그리고 아이가 충만하고 균형 잡힌 인생을 살아가는 데 필요한 주제라는 점에서 더욱 중요합니다. 또한 2장의 테스트 주제들과 관련되었지요.

♥ 탐구 분야 ♥

지능코칭 활동 주제는 자연의 세계와 역사, 과학, 전설, 신화 등과 관련되어 있습니다. 아울러 아이 스스로 탐구하게 만들고, 읽기와 쓰기, 수학, 기술적 지식, 탐구 조사, 창의성, 인성지능, 사회지능, 감성지능처럼 일반적인 학습 분야를 권장하는 효과도 있습니다.

♥ 활동 내용 ♥

2장의 테스트와 마찬가지로 여러 가지 활동 중에서 아이가 원하는 한 가지를 선택할 수 있답니다. 모든 활동은 세 단계로 구성되었습니다.

- **1단계:** 주제를 소개합니다. 가장 먼저 엄마가 아이의 지식수준을 파악하여 아이에게 적당한 수준을 선택하면 활동을 시작합니다. 활동이 너무 힘들다면 아이는 실망해서 흥미를 잃게 된답니다. 하지만 너무 쉬워도 좀 우쭐해하다가 금세 흥미를 잃게 되지요. 필요한 준비물이나 사전 준비 작업을 소개해두었으므로, 활동을 실행하기 전에 먼저 확인해주세요.

- **2단계:** 만들기와 조사 그리고 실험을 합니다. 학습 경험에서 가장 활기찬 부분이지요.

- **3단계:** 평가 부분입니다. 각 활동에서 아이가 거둔 성과를 엄마와 아이가 함께 검토합니다. 활동만 하고 평가를 하지 않는다면 발전하고 변화하기 어렵습니다.

모든 핵심 지능 활동 각 부분에는 권장 진행 시간을 제시해놓았습니다. 그러나 어디까지나 권장 시간일 뿐, 아이의 나이나 상황에 따라 가감될 수 있습니다.

지능 자극하는 엄마의 기술 ❶

아이의 발달을 도울 수 있는 집 안 분위기를 조성하려면 손 닿는 거리에 미술 도구를 두는 것이 좋습니다. 아이의 상상력을 키워줄 수 있는 다양한 미술 도구와 장난감은 굳이 비싼 것으로 구입할 필요가 없답니다. 종이 상자 등으로 직접 만들 수도 있으며, 아이들은 스카프 한 장만으로도 역사 속 주인공이 될 수 있으니까요.

 **미술 도구**

이미 집에 있는 것을 쓰거나, 주변에서 사용하지 않는 것을 얻어 재활용해도 되기 때문에 굳이 비싼 도구를 살 필요는 없습니다. 하지만 이제 처음 시작하려는 아이에게는 만들기 기본 세트가 있어야 한답니다.

문방구에서 저렴한 수채화 물감이나 아크릴 물감을 살펴보세요. 아직 나이가 어린 아이들에게는 고체 물감이 좋고요. 붓은 다양한 크기로 준비해야 하는데, 특히 가느다란 붓은 꼭 있어야 합니다. 끝이 뭉툭한 크레파스와 색연필, 펜 촉 두께가 다양한 사인펜 등을 갖춰놓으면 그림을 그릴 때 다양한 효과를 낼 수 있지요. 금색·은색 펜과 파스텔, 젤펜도 갖춰두면 좋답니다.

찰흙과 밀가루 반죽, 고무찰흙 등 주물러서 모양을 내는 재료는 아이에게

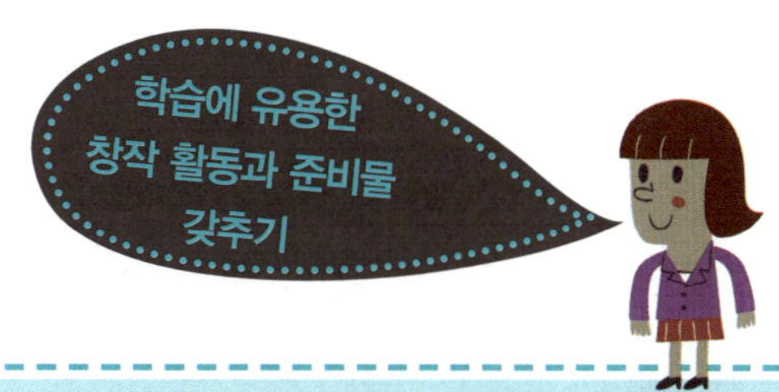

여러 가지 재료와 기법을 알게 해주며, 이렇게 만든 물건들은 장시간 보관할 수 있지요. 종이는 어떤 재질을 선택하느냐에 따라 구입 비용이 높을 수도, 낮을 수도 있습니다. 이면지, 자투리 벽지, 달력 등 실생활에서 나오는 종이는 유용하므로 아이를 위해 잘 모아두세요. 또 두꺼운 판지나 두꺼운 도화지도 있어야 한답니다.

잡지에서 오린 사진과 포장재에서 오린 조각은 콜라주를 만들 때 유용합니다. 작업할 때 테이블이 상하지 않도록 테이블에 깔 수 있는 신문을 많이 준비해주세요.

● 만들기 기본 세트

앞치마, 가위(어린이용 안전 가위), 자, 테이프(투명 테이프와 마스킹 테이프), 풀(고체형 풀, 물풀), 펜(사인펜, 젤펜, 마커, 색연필), 지우개, 종이(흰색 종이, 모눈종이, 색종이 등)

비즈, 스팽글, 반짝이 가루, 리본 조각, 색깔 있는 털실과 천 조각도 모두 콜라주를 만들기에 좋은 재료입니다. 다양한 모양의 파스타나 콩, 쌀, 나뭇잎, 꽃, 솔방울, 도토리, 콩깍지, 잔디, 조개, 깃털 같은 자연물도 마찬가지랍니다.

포장재는 이 책에 나오는 다양한 작품을 만들 때 큰 도움이 됩니다. 달걀 포장 용기, 두루마리 휴지의 심, 버블랩(뽁뽁이), 아이스크림 통과 요구르트 통, 과일 포장 망, 티슈 상자와 콘플레이크 상자처럼 가정에서 흔히 나오는 다양한 포장재로 재활용품 리폼 및 미술 활동을 할 수 있지요. 두루마리 휴지 심에 종이 찰흙을 여러 겹 붙이고 밑부분에 받침을 달아 우주 로켓을 만들고, 음료수 캔으로 등대를 만드는 등 아이는 자신이 상상하는 모든 것을 만들 수 있답니다.

이런 재료를 갖추면 아이의 상상력을 발휘할 수 있는 창작 활동이 얼마든지 가능해집니다. 아이는 책에서 읽은, 집 밖의 자연물에서 만난, 부모와의 나들이에서 보았던, 여름휴가 때 즐거이 놀았던 모든 기억을 고스란히 담은 창작물을 만들 수 있습니다. 그뿐만 아니라 자신이 관심 있거나 앞으로 하고 싶은 것, 좋아하는 친구나 좋아하는 사람들에 대해서도 열심히 생각하고 그 생각을 창작 활동의 결과물로 표현할 수 있지요.

 ## 보관하기

이처럼 유용한 물건들을 모으면 보관할 장소가 필요해집니다. 이제 간단하면서도 큰돈 들이지 않고 잘 정리 정돈할 수 있는 방법을 소개합니다.

할인점에서 커다란 플라스틱 상자를 살 수도 있지만 아이가 직접 커다란 종이 상자를 장식해서 사용해도 좋습니다. 아이가 만드는 과정 자체가 하나의 활동이니까요. 내구성을 높이고 광택이 나도록 물감에 PVA풀을 약간 섞어 아이에게 준 다음 직접 칠해보게 하세요. 혹은 아이가 직접 그린 그림이나 만화책에서 오려낸 그림을 상자에 붙이고 상자에 PVA풀을 한 겹 발라서 깨끗하게 말리는 방법도 있답니다. 빈 콘플레이크 상자로 종이 파일을 만드는 방법도 있습니다. 상자 윗부분을 비스듬히 잘라낸 다음 마음에 드는 물감을 칠하고 꾸미세요. 이런 상자들은 아이의 추억을 모아둘 수 있을 뿐 아니라, 어항이나 이야기 상자를 만드는 등 아주 유용하게 쓸 수 있답니다.

저렴하게 구입할 수 있는 플라스틱 정리함이나 신발걸이(주머니가 있고 벽에 거는 종류)는 크레용이나 지우개, 자잘하게 '자연에서 발견한 물건'을 담아두기에 매우 좋습니다. 물건이 어디에 있는지 아이가 볼 수 있다면 더 많이 사용하게 되지요.

 **책**

부모님이 아이에게 줄 수 있는 가장 큰 선물은 책과 독서를 사랑하는 아이로 키우는 것입니다. 책은 다른 세계, 다른 시대, 다른 장소로 통하는 열쇠이며, 아이에게 줄 수 있는 가장 중요한 '장난감'입니다. 서적에 담긴 지식을 얻는다는 것은 세상에 대한 수없이 많은 질문과 앞으로 마주치게 될 수없이 많은 도전의

해결책을 아이 스스로 찾아낼 수 있다는 의미입니다. 또 동화를 읽음으로써 아이의 정신세계는 더욱 넓어집니다.

책을 좋아하려면 책을 편안하게 느끼고 즐거움을 얻을 수 있는 대상으로 바라볼 수 있어야 합니다. 연구 결과에 따르면, 독서를 장려하는 가장 좋은 방법은 책을 읽을 수 있는 환경을 조성해주는 데에서 시작한다고 합니다. 부모나 손위 형제자매가 재미있게 책을 읽는 모습을 보여준다면 아이는 어릴 때부터 자연스럽게 책을 읽게 됩니다. 아이에게 책을 권하는 가장 좋은 방법은 함께 책을 만드는 것이랍니다('엄마와 함께 만드는 책'을 참고해주세요).

집 안에 아이만의 도서관이 있는 것도 중요합니다. 새 책을 많이 사주기가 어렵다면 중고 서점이나 자선 가게를 다녀보세요. 종종 양질의 어린이책을 구할 수도 있답니다. 또 도서관이나 북클럽에 가입하는 방법도 있지요.

아이가 광범위한 분야의 책을 접하게 해주세요. 만화책과 그래픽 노블(만화 소설)도 나름대로 존재의 이유가 있답니다. 아이에게 다른 문화권의 이야기와 전래 동화, 신화와 전설, 시 등 다채로운 정보가 담긴 책들을 소개해주세요.

 ## 장난감

상점에 가면 장난감과 게임이 너무 많아서 무엇을 사야 할지 결정하기 어려울 때가 있습니다. 물론 모든 가정에 있기 때문에 고민할 필요도 없이 꼭 사야 하는 장난감도 있지만요.

조립식 장난감에는 서로 연결되는 블록과 그 밖의 다양한 연결 부품이 있습니다. 조립 세트는 아이에게 좋은 선물이 된답니다. 그중에서도 나중에 블록이나 부품을 추가할 수 있는 종류가 가장 좋지요. 어린아이에게는 플라스틱으로 된 큼직한 연결 부품이 좋습니다. 아이가 성장하면 새로운 부품과 작은 부품도 수월히 다루게 되지요.

야외 활동이 가능한 롤러블레이드, 자전거와 같은 장난감은 재미와 더불어 건강을 얻을 수 있고, 기분을 풀어주기도 합니다.

모자, 스카프, 모조 장신구, 가방 등의 액세서리를 친구와 친척에게서 얻어오거나 자선 가게에서 구입해 아이의 옷장 서랍에 넣어두면 좋습니다. 어린아이는 역할 놀이와 변장 놀이를 좋아하고, 조금 더 큰 아이들은 해적, 탐험가 등 역사 주제에 맞춰 꾸며 입기를 좋아하니까요.

아이에게 인형 세트와 작은 인형 극장을 마련해주세요(극장은 종이 상자로 만들어도 된답니다). 이런 장난감은 아이의 언어 기술과 상상력, 이야기 능력을 발달시키고, 아이가 놀이하는 모습을 통해 친구나 분실물 문제 등 아이가 직접 말하기 곤란한 일들을 알아차리게 해줍니다. 인형을 이용해서 '이야기'하게 하면 아이는 말하는 내용에 대한 부담감을 덜 수 있으며, 자신의 문제를 말로 표현하는 것도 더 안전하게 느낄 수 있지요.

01 창의적으로 상상하는 힘을 키우는 인어 만들기

인어가 등장하는 전설은 동서양을 막론하고 매우 많은 문화권에서 전해 내려옵니다. 아이에게 안데르센의 《인어 공주》는 물론, 다양한 문화권의 인어 전설을 찾아 이야기를 들려주고 그림도 보여주세요. 이러한 활동은 전 세계적으로 공유하는 이야기가 있다는 사실을 깨닫게 해줍니다. 아이의 성장에 맞춰 이러한 개념을 여러 번 반복하고 강화시켜줘야 하지요. 아이는 콜라주를 만들고 색칠하고 그리는 활동을 통해 여러 가지 미술 기법을 경험하고 실험해보게 됩니다. 필요한 재료를 다양하게 준비해두고, 아이에게 콜라주 작업에 걸맞은 재료를 직접 고르게 해보세요. 예를 들어 해초를 만들 때 그림물감과 물풀을 섞어 버블랩(뽁뽁이)에 칠하면 바닷속 해초와 같은 질감이 표현된답니다.

♥ 이렇게 이끌어주세요 ♥

활동 전 인어에 대한 책이나 그림 찾아보기
준비물 만들기 기본 세트, 전지 1장, 털실, 스팽글, 녹색 물감과 피부색 계열의 물감, 반짝이 가루, 작은 조개껍데기, 붓

Coaching Plan

● 문화적 공통성과 다양성을 어떻게 가르쳐야 할지 잘 모를 때
● 활동: 인어 만들기
● 코칭 분야: 논리지능, 정서지능

주제 15분 아이와 함께 인어에 대한 책과 그림을 살펴보고 인어에 대한 이야기를 해주세요. 그다음 전지를 펴고 아이에게 종이 위에 누우라고 하세요. 이때 아이 다리를 모아주세요. 아이의 다리를 인어의 꼬리 모양으로 바꿀 것이기 때문이에요. 아이 몸의 윤곽을 따라 선을 그리면 인어의 윤곽선이 완성됩니다.

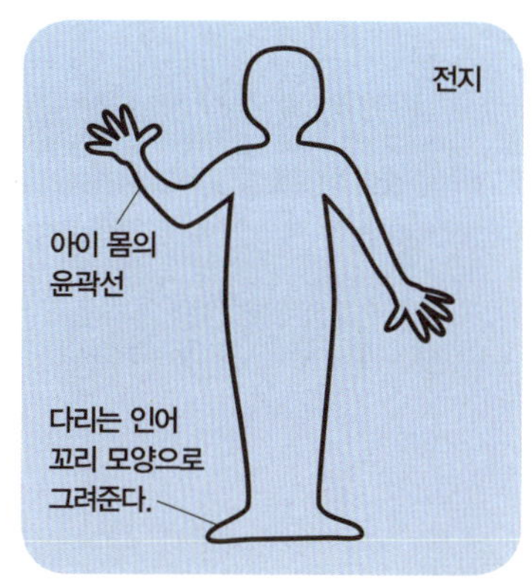

활동 45분 여자 인어와 남자 인어가 어떤 모습일지 아이와 대화를 나눕니다. 그리고 아이에게 인어의 머리, 팔, 몸을 색칠하라고 해주세요. 인어를 완성한 다음, 인어는 어떤 곳에서 살 것 같은지 아이에게 설명해달라고 하세요.

평가 10분 아이에게 인어에 대해 말해보라고 합니다. 앞서 나눈 인어 이야기 가운데 아이가 기억하고 있는 내용은 무엇인가요?

{ PLUS TIP } 인어 만들기의 연장선으로 인어 가족 만들기를 합니다. 게나 물고기 같은 바다 동물까지 만든다면 더욱 좋습니다. 다시 강조하지만, 만들려는 생물체의 질감을 생각하고, 어떻게 재료를 조화해야 그 질감이 표현될지는 아이 스스로 상상하게 해주세요.

02 창의적으로 표현하는 힘을 발달시키는 해적 만들기

자르기, 붙이기, 그리기 기술을 발달시키는 예술 활동입니다. 또 앵무새나 고양이처럼 새로운 등장인물을 생각해내야 하므로 창의성도 길러주지요. 만들어낸 등장인물은 연극할 때 쓸 수도 있습니다. 이런 활동은 아이의 상상력을 자극하며, 아이는 자신이 맡은 '배우'의 대사를 지어내야 하므로 언어 발달도 촉진합니다. 또한 아이가 해적의 모험 이야기도 꾸며야 하므로 스토리텔링 기술도 발달하게 된답니다. 아이에게 책이나 영화, 애니메이션에서 보았던 해적을 떠올리게 하고, 인터넷을 이용해 실제로 있었던 해적을 찾아봅니다. 해적이 여행하던 사람들에게는 얼마나 위험한 존재였는지 이해시켜주세요.

♥ 이렇게 이끌어주세요 ♥

활동 전 해적에 대한 자료 찾아보기

준비물 만들기 기본 세트, 두루마리 휴지심, 색종이

주제 **15분** 아이와 함께 해적에 대한 자료를 보면서 해적의 모습을 이야기합니다.

Coaching Plan

● 놀이와 교육을 어떻게 융합해야 할지 잘 모를 때

● 활동: 해적 만들기

● 코칭 분야: 논리지능, 언어지능

모자, 안대, 줄무늬 셔츠, 흉터 등의 특징을 알려주세요. 아이에게 해적 선장, 여자 해적을 비롯해 해적선, 고양이와 앵무새까지 다양한 해적 캐릭터를 묘사해 보라고 합니다.

활동 (30분) 두루마리 휴지 심은 해적의 머리와 몸통입니다. 원통에 줄무늬 셔츠, 짙은 색 바지(또는 누더기 같은 바지), 의족 등을 그립니다. 작은 종이에 모자와 양손을 그리고 오려내어 원통에 붙여 해적을 완성합니다. 이때는 엄마의 도움이 필요할 수도 있습니다.

고양이도 같은 방식으로 만듭니다. 휴지 심에 고양이의 몸통을 그리고 색칠한 다음, 종이에 귀와 팔다리, 꼬리를 그려 오려내어 붙이게 하세요. 앵무새도 같은 방법으로 만들고 밝은 색을 칠합니다.

미술 감각이 있는 아이라면 같은 방식으로 야자나무도 만들 수 있지요. 휴지 심으로 나무 몸통을 만들고, 녹색 종이(또는 녹색 깃털)를 꼭대기에 꽂아서 야자나무 잎을 만듭니다. 아울러 노란색 스카프(또는 종이)로 보물섬을 만들고 파란색 종이로 바다를 만들면 배경도 간단하게 완성되지요.

평가 10분 이제는 아이가 해적의 모험 이야기를 지어낼 차례입니다. 아이가 해적 놀이를 하는 모습을 사진이나 동영상으로 찍어놓고 나중에 함께 봐도 재미있답니다.

{ **PLUS TIP** } 해적들의 모험을 6컷 만화로 그려보세요. A4 크기의 종이에 사각형 6개를 그리고, 각 사각형 안에 간단한 만화 이야기를 채웁니다. 아이가 사각형에 1번부터 6번까지 순서대로 번호를 매기는 것을 도와주세요(아이의 수학 기술을 돕는 활동입니다).

03 조사력과 검증력을 발달시키는 해적 깃발 달기

해적 깃발 그림을 찾아보고, 언제 어떻게 사용되었는지도 알아봅니다. 이 과정에서 아이는 역사 자료를 조사하는 기술을 배우게 됩니다. 깃발을 그리고 깃발로 사용할 소재를 고르면서 만들기 기술이 향상됩니다. 또 재료를 오리고 붙이면서 여러 가지 미술 기법을 익히게 됩니다.

아이는 해적처럼 행동하면서 상상력을 발휘하고, 자료를 조사하면서 읽은 이야기를 토대로 공연할 수도 있습니다.

♥ 이렇게 이끌어주세요 ♥

활동 전 해적에 대한 자료 찾아보기

만들기 만들기 기본 세트, 검은색 면 스카프 또는 검은색 직사각형 천, 트레이싱 페이퍼(미농지), 흰색 판지 또는 두꺼운 도화지

주제 `15분` 책이나 잡지, 영화 등에서 해적 깃발의 모양을 살펴보세요. 아이에게 X 자로 교차된 대퇴골과 해골이 있는 이 깃발

Coaching Plan

● 역사 자료를 어떻게 조사해야 할지 가르치기 어려울 때

● 활동: 해적 깃발 만들기

● 코칭 분야: 논리지능

의 이름은 '졸리 로저'라고 알려줍니다. 선원들은 이 깃발이 달려 있는 배를 보면 아주 무서워했습니다. 곧이어 해적이 공격해 와서 배의 물건을 빼앗아간다는 신호였기 때문이지요. 아이에게 졸리 로저를 직접 만들자고 말해보세요.

활동 **40분** '졸리 로저' 견본에 트레이싱 페이퍼를 대고 좀 더 크게 베끼거나, 견본을 복사기로 확대 복사합니다. 아이에게 그림을 오려낸 후 흰색 판지에 대고 윤곽선을 따라 그리게 하세요. 그런 다음 전체 모양을 따라 오리게 하고, 해골의 눈, 코, 입 부분은 엄마가 칼로 도려내줍니다. X 자로 교차된 대퇴골과 해골(오려낸 그림)을 검은색 직사각형 천에 붙입니다.

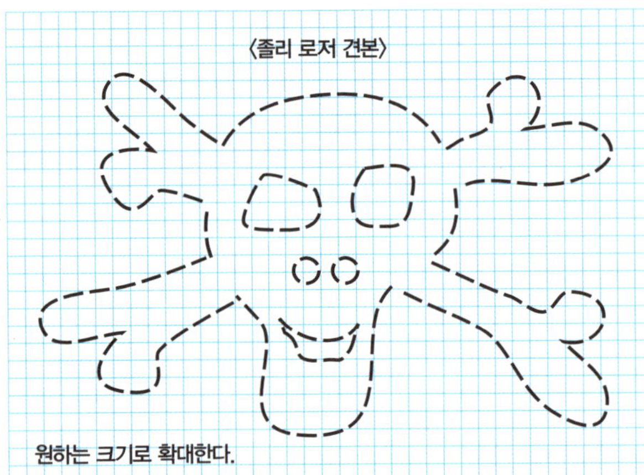

평가 **10분** 아이가 만든 해적 깃발을 벽이나 소파 끝에 달아두세요. 그리고 해적선에 올라 해적 놀이를 합니다. 장신구나 액세서리를 사용해 해적으로 변장시켜주면 훨씬 재미있는 놀이를 할 수 있지요.

{ **PLUS TIP** } 아이에게 해적의 깃발과 먼 바다에서 벌어지는 해적의 모험을 시로 표현해보라고 합니다. 아이는 어떤 시를 지었나요?

04 체계적으로 글 쓰는 힘을 기르는 단검 만들기

'견본을 따라 그리기' 가위로 '정확하게 오리기'와 같은 기술을 발달시키는 미술 활동입니다. 책과 인터넷으로 해적을 조사하는 과정에서 아이는 자료 조사에 익숙해집니다. 또 역사적 사실을 알아가는 재미도 느낄 수 있지요. 옛날 사람들이 단검을 어떻게 들고 사용했는지를 이야기하고 유물을 보고 그대로 베껴 그리면서 아이는 해적의 실제 생활은 어땠을지 상상하게 됩니다.

설명서 쓰기는 읽기·쓰기 능력 향상에 중요한 기술로 목적에 맞춰 완성하는 법을 설명하고 쓰는 것이 목표입니다. 목적에 따른 글쓰기는 아이의 글쓰기 재능을 기르는 데 매우 중요하답니다.

♥ 이렇게 이끌어주세요 ♥

활동 전 해적에 대한 자료 찾아보기

만들기 만들기 기본 세트, 판지, 두꺼운 도화지, 회색 물감, 검은색 마커 펜, 금색 반짝이 가루, 스팽글이나 비즈, 글루건

주제 15분 아이와 함께 해적이 지녔을 것

Coaching Plan

- 목적에 따라 글쓰기를 가르치기 어려울 때
- 활동: 단검 만들기
- 코칭 분야: 언어지능

같은 무기에 대해 이야기합니다. 책과 인터넷에서 해적 단검의 그림을 찾아보고, 해적들이 단검을 가지고 다니며 어떻게 썼을지 아이에게 상상하고 이야기해 보라고 하세요.

활동 (60분) 견본을 좀 더 크게 베끼거나 복사기로 확대 복사해서 새로운 견본을 만들어봅니다. 판지에 견본을 대고 칼날 두 개를 그린 다음 오려내세요. 두 장을 서로 마주 붙여서 튼튼하고 단단한 칼날을 만듭니다. 칼날 전체를 회색 물감으로 칠하고, 칠이 마르면 칼날 부분에 검은색 마커 펜으로 수직선을 그려서 입체적으로 보이게 합니다.

두꺼운 도화지에 손 가리개 견본을 대고 그린 다음 오리고, 양쪽에 구멍을 뚫습니다. 그 구멍에 각각 칼날과 손잡이를 끼우면 둥글게 휜 손 가리개가 완성되지요. 구멍에서 빠지지 않게 풀로 고정하세요.

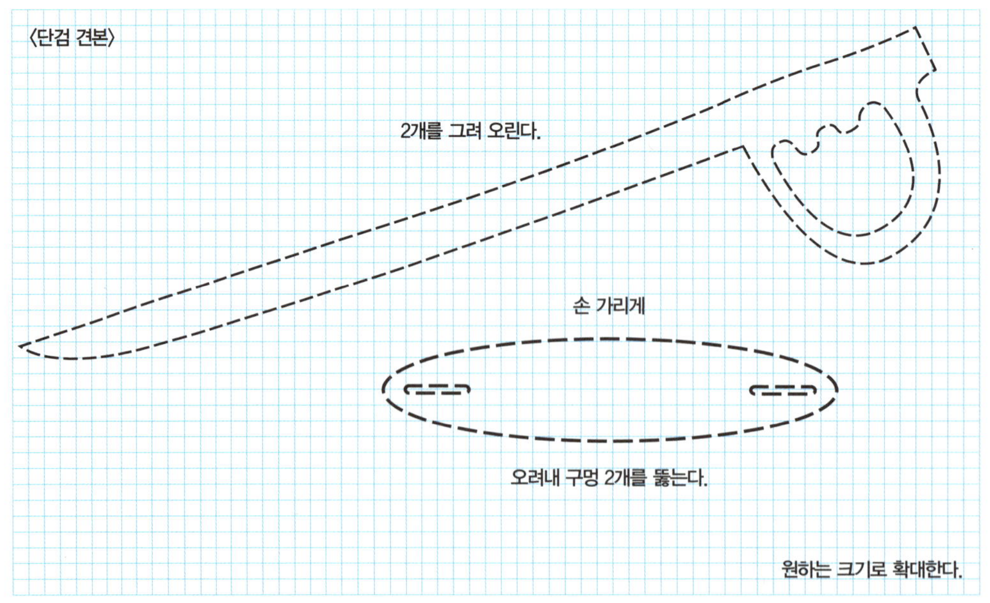

손 가리개 부분에 금색 반짝이 가루를 뿌려 장식합니다. 그리고 스팽글이나 비즈를 글루건으로 붙여서 보석이 박힌 것처럼 보이게 만듭니다.

평가 🔟분 다른 사람에게 보여줄 단검 만들기 설명서를 쓸 수 있는지 아이에게 물어봅니다. 아이는 만들기 활동을 응용해서 더 긴 칼을 만들 수 있을겁니다.

{ **PLUS TIP** }　　아이에게 해적을 조사한 자료로 해적의 모험을 그린 연극 대본을 써보라고 하세요. 대본을 다 쓰면 단검을 소품으로 사용하여 연극을 해보는 것도 좋답니다.

05 의사 전달 능력을 키우는 클립 만들기

'그리기, 오리기, 연결하기'는 설계 기술과 만들기 기술을 발달시키는 활동입니다. 아이는 해적에 대한 자료를 찾으면서 자료 조사 기술이 발달하고, 해적의 선원 생활에 대해 알게 되면 특히 역사 자료를 조사하는 데 관심이 커질 겁니다. 목적에 맞춘 설명서 쓰기를 하며 아이는 명확하고 간결한 글쓰기 능력을 기르게 되지요. 이 능력은 학교 공부에도 아주 유용한 기술이랍니다.

♥ 이렇게 이끌어주세요 ♥

활동 전 해적에 대한 자료 찾아보기

준비물 만들기 기본 세트, 흰색 판지 또는 두꺼운 도화지, 사인펜, 투명 접착 시트지 또는 코팅지, 나무 빨래집게, 글루건

주제 (10분) 아이와 해적들의 옷에 대한 이야기를 나눠보세요. 선장의 옷은 일반 선원들과 달랐을까요? 여자 해적의 옷은 어땠을까요? 책과 인터넷에서 그림을 찾아봅

Coaching Plan

● 지식을 글로 옮기는 방법을 어떻게 가르쳐야 할지 잘 모를 때

● 활동: 부츠 클립 만들기

● 코칭 분야: 논리지능, 언어지능

니다. 이제 해적들이 신던 부츠의 클립을 만들어보자고 말합니다. 해적 부츠는 통이 넓어서 흘러내리지 않게 하려면 클립이 필요했지요.

활동 (20분) 아이가 직접 해적 얼굴을 그리게 합니다. 판지에 얼굴을 그린 뒤 밝은 색으로 칠하고, 그 위에 투명 접착 시트지를 붙이거나 코팅합니다. 색칠한 해적 얼굴을 오리고 나무 빨래집게에 붙이세요. 식구별로 다양한 캐릭터를 만들어도 좋습니다.

평가 (10분) 아이에게 다른 사람을 위해 클립 만들기 설명서를 써보라고 합니다. 아이는 다른 주제로 선물용 클립을 만들 수 있나요?

{ **PLUS TIP** } 일반 옷걸이에 코팅한 '해적 얼굴'을 덧붙여서 아이의 우비에 어울리는 옷걸이를 만들어봅니다. 이때 '얼굴'은 해적선의 고양이가 어울릴 것 같네요. 아이가 그린 그림을 옷걸이의 거는 부분 바로 밑에 테이프나 글루건으로 붙이면 완성입니다.

06 상상력을 키우는 요정 만들기

진짜 요정을 만난다면 어떤 기분일까요? 지금으로부터 100년 전인 1912년 영국 코팅글리에 살던 두 소녀가 요정과 함께 찍은 사진을 공개해 세상을 떠들썩하게 만든 사건이 일어났습니다. 바로 '코팅글리 요정 사건'이었죠. 많은 사람들이 소녀들의 사진과 이야기를 믿었고, 그중에는 《셜록 홈스》의 저자인 아서 코넌 도일도 있었습니다. 아이에게 코팅글리 요정 사건을 이야기해주세요. 아이는 요정이 발견되었다는 이야기를 진짜로 믿었나요?(부모인 당신은 믿었나요?)

점토로 요정 만들기를 하면서 아이는 섬세하고 작은 공예품을 만드는 경험을 하게 됩니다. 또 요정에 대한 자료를 찾으면서 아이는 자료 조사 능력이 향상되고 신화에 대한 지식도 늘어나지요. 아이에게 요정의 습성과 힘을 설명해보라고 하면 사람들 앞에서 발표하기의 연습이 된답니다. 또 만드는 법을 쓰면서 시간 순서대로 서술하는 글쓰기를 연습할 수 있습니다. 나중에 학교에 다닐 때 미술, 과학 등의 과목에서 유용하게 사용될 기술이지요.

Coaching Plan

- 이야기를 교육으로 응용하는 방법을 잘 모를 때
- 활동: 요정을 사로잡아라!
- 코칭 분야: 언어지능

♥ 이렇게 이끌어주세요 ♥

활동 전 요정에 대한 자료 찾아보기

준비물 만들기 기본 세트, 내용물을 깨끗하게 비운 잼 병, 공작용 점토, 두꺼운 도화지, 반짝이 가루

주제 〔15분〕 아이와 함께 책이나 인터넷에서 요정에 대한 자료를 찾아봅니다. 전래되는 이야기와 전설을 토대로 요정은 어떤 모습이었을지 이야기를 나눠보세요. 《피터팬》의 팅커벨이나 《신데렐라》 등의 동화에 나오는 요정 이야기도 좋답니다.

활동 〔45분〕 정원에서 요정을 보면 어떤 기분일지 이야기를 나눕니다. 코팅글리 요정 사건에 대해 자세한 내용을 찾아봅니다.

아이에게 이제 요정을 만들자고 말합니다. 먼저 공작용 점토로 요정을 만들게 하세요. 그다음에 두꺼운 도화지에 요술봉과 날개를 그려 오려내고 반짝이 가루를 뿌립니다. 요술봉과 날개를 요정의 몸에 붙이세요.

잼 병의 뚜껑 안쪽에 요정을 놓고, 촉촉한 점토를 조금 부어 요정을 고정해둡니다. 그 위에 병을 덮어씌우면 병 안에 요정이 갇히게 되지요. 아이에게 이름표에 요정의 이름과 사로잡은 날짜와 장소를 적고 병에 붙이게 합니다.

평가 10분 아이는 요정에 대한 무엇을 말할 수 있나요? 요정은 어떤 힘이 있으며, 어디에 살고, 어떤 옷을 입나요? 아이는 요정 시리즈를 만들기 위한 설명서를 쓸 수 있나요? 또 이것을 응용하여 더 다양한 요정을 만들 수 있나요?

{ **PLUS TIP** } 요정에서 더 나아가 또 다른 상상놀이를 할 수도 있습니다. '외계인, 도깨비, 장난꾸러기 요정' 같은 상상의 동물을 만들어보면 어떨까요?

07 교우 관계와 사교성을 높이는 우정 사슬 만들기

이번 지능 활동은 아이에게 우정이란 어떤 의미인지 그리고 좋은 친구가 된다는 것은 무슨 뜻인지 생각하게 해줍니다. 이 두 가지 모두 살아가는 데 참으로 중요한 기술이지요.

사슬을 만들기 위해서는 미술적인 기술과 과학적인 기술이 필요합니다. 아이에게 종이를 길게 자르고 양끝을 붙여서 고리를 만든 뒤, 이 고리들을 서로 연결해서 사슬을 만들어보라고 합니다. 각각의 고리에는 친구들의 이름을 쓰게 합니다. 아직 글자를 깨치지 못했거나 글을 잘 쓰지 못한다면 엄마가 먼저 이름을 쓰고 보여주세요. 중요한 것은 엄마가 쓴 글자를 베껴 쓰더라도 아이가 직접 써보는 것이랍니다. 고리를 연결해서 사슬을 만드는 활동은 이 나이 대의 아이들에게는 꽤나 복잡한 작업이므로 아이의 집중력을 높일 수 있습니다.

♥ 이렇게 이끌어주세요 ♥

만들기 만들기 기본 세트, 색상지

주제 〔10분〕 아이에게 놀이 친구나 학교 친구, 이웃, 가족 등 자신이 좋아하는 사람들

Coaching Plan

● 우정의 소중함을 어떻게 가르쳐야 할지 잘 모를 때

● 활동: 우정의 사슬 만들기

● 코칭 분야: 정서지능

을 생각해보라고 하세요. 그리고 목록을 적게 합니다. 사진이나 앨범을 이용해 아이의 기억력을 되살려도 좋습니다.

활동 (40분) 아이에게 목록에 있는 '친구'를 한 명 한 명 그려보라고 합니다. 그동안 엄마는 색종이 여러 장을 2.5 × 10센티미터 크기로 길고 가늘게 잘라둡니다. 아이는 엄마가 잘라놓은 종이에 한 사람씩 이름을 적습니다(옆에서 엄마가 도와주세요). 그리고 종이의 양끝을 붙여서 고리를 만들고, 고리에 다음 종이를 걸어 고리를 만드는 식으로 계속 연결하여 사슬을 만듭니다. 부엌 또는 식구들이 많이 다니는 곳에 이 우정의 사슬을 걸어놓으세요.

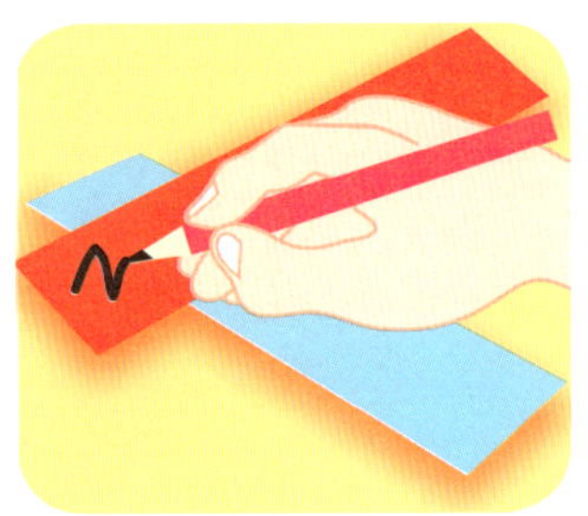

평가 (10분) 아이와 함께 만든 '우정의 사슬'을 보면서 한 사람 한사람 어떤 점을 좋아하는지 말해달라고 하세요. 그리고 아이에게 친구를 만드는 것은 무엇이라고 생각하는지 물어보세요. 아이가 새 친구를 한 명씩 사귈 때마다 고리도 하나씩 새로 연결하도록 합니다.

{ **PLUS TIP** } 할아버지, 할머니처럼 한집에 살지 않는 친척들을 생각해서 적어도 좋습니다. 그렇게 만든 사슬을 '사랑을 담은 사슬'이라고 적은 카드와 함께 친척에게 보내주세요. 처음에는 할아버지, 할머니의 이름을 쓰고, 그다음에는 엄마와 아빠 그리고 사촌의 이름을 쓰면 좋을 테지요. 또 반짝이 펜으로 하트와 가족이 함께 있는 그림을 그려서 사슬을 장식해보세요.

08 정서 두뇌를 키우는 우정 서클 만들기

친구 그리고 친구가 된다는 개념에 대해 아이와 이야기하면서 사회성과 인성을 발달시키는 지능코칭입니다. 또 말하기와 듣기 활동으로 문제에 대한 아이의 토론 능력도 키워줍니다.

이번 활동에서는 여러 개의 손 모양을 붙여 햇살 모양을 만들어야 하므로, 아이는 먼저 자신의 손 모양을 따라서 주의 깊게 선을 그려야 한답니다. 손 모양을 오려내는 일 역시 아이에게는 어려울 수 있습니다. 이 활동은 아이의 조정 기술과 소근육을 발달시켜줍니다.

♥ 이렇게 이끌어주세요 ♥

만들기 만들기 기본 세트, 노란색·주황색·금색 종이, 노란색 판지 또는 두꺼운 도화지, 커다란 흰색 판지 또는 두꺼운 도화지, 널빤지 또는 작은 보드, A4 크기의 봉투

Coaching Plan

● 우정의 의미를 어떻게 가르쳐야 할지 잘 모를 때

● 활동: 우정 서클 만들기

● 코칭 분야: 정서지능, 언어지능

주제 (10분) 아이와 함께 아이의 친구들에 대한 이야기를 나눕니다. 어떻게 친구가 되었을까요? 그 아이들과의 사이에 공통점이 있나요? 친구들은 똑같은 것을 좋아하나요? 서로에게 친절하나요? 서로 좋은 친구가 되게 하는 것은 무엇인가요?

활동 (30분) 노란색 판지에는 작은 원을, 흰색 판지에는 큰 원을 그려서 오려내서 아이에게 주세요(접시를 대고 그려서 오려도 된답니다). 이때 큰 원의 반지름은 작은 원의 반지름보다 10센티미터 정도 커야 합니다. 작은 원을 큰 원 가운데 놓고 풀로 붙입니다.

아이에게 색종이에 자기 손 모양을 따라 손 그림을 20여 개 그리라고 한 다음 오리게 하세요. 봉투에 아이가 오린 '손'을 넣습니다. 먼저 만든 원과 봉투를 벽에 걸어둡니다. 아이의 친구가 집으로 놀러 올 때면 봉투에 넣어둔 아이의 '손'을 하나 꺼내 주세요. 그리고 친구에게 자기 이름을 직접 쓰고 얼굴도 그려 달라고 하세요. 아이는 친구의 이름과 얼굴이 담긴 '손'을 흰색 원에 손가락이 바깥을 향하도록 붙여서 햇살 모양을 만듭니다.

평가 (10분) 아이에게 자신은 좋은 친구인지 생각해 보라고 합니다. 아이는 다른 사람을 위해 어떤 일을 했기에 좋은 친구가 되었을까요? 아이는 좋은 친구가 되기 위해 할 수 있는 일을 더 많이 생각해낼 수 있나요?

권새론
박인수
김우빈
정유원
유준수
채준우
유준기
차누라

지능 자극하는 엄마의 기술 ❷

    아이의 상상력 발달을 자극할 수 있도록 집을 꾸미고, 집 안의 물건을 배치하는 일은 그리 어렵지 않습니다. 집 안에서 학습 환경을 잘 조성할 수 있다면 굳이 다양한 견학을 자주 가지 않아도 되지요. 어느 가정이나 아이를 지적으로, 신체적으로, 정신적으로 최대한 발달시킬 수 있습니다. 새로운 시설을 많이 갖추지 않아도 약간만 개조하면 되며, 이미 집에 있는 것들을 활용해서 교재로 사용해도 충분합니다.

 **부엌**

부엌은 집 안의 중심이자 가정 학습의 중심입니다. 불과 물, 냉동기, 식재료를 가까이할 수 있는 이상적인 실험실이기 때문이지요. 얼음과 물을 통해 물질의 상태 변화 그리고 고체와 액체, 기체의 차이점을 가르칠 수 있으며, 건강한 식사를 설명할 수 있습니다. 또한 부엌에서는 요리를 위해 재료의 무게를 재고 계량하면서 부피 수업을 할 수 있으므로 수학 활동도 가능하답니다.

    식품을 활용해 지리 수업을 할 수도 있습니다. 아이에게 식품이 생산된 세

계 여러 지역에 대해 이야기하고, 아이가 지금 살고 있는 곳의 기후와 기후가 작물 재배에 미치는 영향을 말하는 것이지요.

요리법을 활용하면 아이에게 설명서 쓰기를 가르칠 수도 있습니다. 아이는 요리법에는 재료가 먼저 나오고 그다음에 만드는 법을 소개하는 특정 형식이 있다는 사실을 알게 되며, 요리를 하는 데 필요한 정보도 얻게 됩니다. 또 요리법을 순서대로 따라 하지 않으면 아주 이상한 요리가 나올 수 있기 때문에, 설명서를 쓸 때 순서가 얼마나 중요한지도 배우게 되지요. 요리법 쓰기는 '목적에 맞는 글쓰기'에 정말 좋은 연습이기도 합니다.

 **식탁**

평범한 식탁이라도 그 위에 닦기 쉬운 어린이용 테이블 매트를 깔면 그리기와 만들기를 할 수 있는 장소로 금세 바뀝니다. 테이블 위에 식탁보를 깔아 길게 늘어뜨리고, 식탁 아래에 쿠션과 아이 물건을 늘어놓으면 아늑한 아지트로 변신합니다. 동굴, 이글루, 유령이 출몰하는 지하실 등 아이에게 흥미 있는 어떤 장소로도 이용될 수 있답니다. 물론 식탁은 대화의 기술을 배우기에도 아주 좋

은 장소입니다. 서로서로 일정이 다르더라도 일주일에 몇 번은 아이에게 식탁 차리기를 돕게 하면서 함께 식사하세요.

 **욕실**

욕실은 '뜨기와 가라앉기'를 탐험하기에 아주 완벽한 장소입니다. 이곳에서 아이는 거품으로 '비누 과학'을, 어떤 모양의 용기에 담느냐에 따라 바뀌는 액체의 형태 변화와 부피를, 그리고 물과 비누가 만나서 물건에 묻으면 미끄러워지며 마찰력이 줄어든다는 사실을 공부합니다. 손잡이 달린 컵이나 눈금이 표시된 용기가 있다면 목욕 시간은 용량과 부피를 공부하는 수학 시간이 될 수 있지요.

목욕은 언어 발달을 자극할 수 있는 좋은 기회입니다. 목욕하는 동안 아이는 거품을 가지고 놀면서 동시를 짓거나, 난파선과 인어와 해적이 나오는 이야기를 만들고, 용기에 물을 채워 오케스트라처럼 치고 흔들고 불면서 뱃노래를 작곡할 수도 있습니다.

 **거실**

대개 거실에는 텔레비전과 DVD 플레이어가 있습니다. 이와 같은 기기들이 아이에게 꼭 나쁜 영향만 미치는 것은 아니지만, 가족 간의 대화가 부족해지고

아이를 수동적으로 만들기 때문에 주의해야 합니다. 그러므로 이런 기기를 사용할 때는 반드시 부모님과 아이가 함께 프로그램을 보면서 이야기를 나누도록 하세요. 또한 아이가 좋아하는 프로그램을 함께 보고, 이와 연관된 활동을 생각해보세요. 예를 들어 만화를 본 뒤에는 아이가 판지나 두꺼운 도화지와 잡동사니로 만화에 나오는 캐릭터의 침실을 만들 수도 있습니다. 이때 아이에게 왜 그렇게 만든 것인지 꼭 이유를 물어보세요. 이런 식으로 공학, 미술, 캐릭터의 성격 묘사 등의 수업을 한 번에 할 수 있답니다.

거실이나 아이 방에 책을 볼 수 있는 아늑한 공간을 꾸며놓으면 좋습니다. 쿠션 몇 개와 책이 가득 담긴 플라스틱 상자만 있으면 되지요(책은 아이의 책장에서 꺼내 오거나 도서관에서 빌려와 정기적으로 바꿔주세요). 이런 공간은 아이에게 독서의 즐거움을 가르쳐줍니다. 또 아이에게 매주 좋아하는 책의 주제에 맞게 물건을 배치해보라고 격려하는 것도 좋은 방법입니다. 〈스타워즈〉와 관련된 장식품 등을 전시하거나 〈뽀롱뽀롱 뽀로로〉의 펭귄과 장난감을 진열하는 식으로 말이지요.

 ## 침실

어른, 아이 할 것 없이 사람은 누구나 자기 본연의 모습을 찾고 생각을 정리할 수 있는 조용한 사색의 공간이 필요합니다. 침실은 바로 이런 기능을 할 수 있는 공간이지요. 침실에는 아이가 장난감을 꺼내고 치우기 쉽도록 수납공간을

충분히 마련해두세요. 장난감과 그림 도구를 쉽게 사용할 수 있는 환경은 아이가 활동할 때 지루해하지 않고, 좋은 아이디어를 떠올릴 수 있도록 도와줍니다.

아이가 수납 상자의 이름표를 컴퓨터로 직접 만들어 붙이면 아이의 정보 통신 이용 기술도 향상되고, 아이 방도 교육적인 환경으로 바뀔 수 있기 때문에 일석이조입니다.

 ## 정원이나 놀이터

정원은 아주 귀중한 학습의 보고입니다. 그네, 미끄럼틀, 정글짐 등에서 활기차게 놀면 건강과 체력이 향상될뿐더러, 모래, 물, 마른 나뭇잎을 만지작거리면서 즐거운 시간을 보낼 수 있지요.

정원은 다양한 생물이 살아가는 자연 세계를 탐험하고 관찰할 수 있는 멋진 곳이랍니다. 아이는 식물이 자라는 모습을 관찰하고, 곤충과 새의 행동을 재미있게 구경하며, 돌과 흙을 조사하고, 날씨를 공부하고, 어쩌면 연못의 생태도 탐험할 수 있습니다.

파릇하게 싹이 오른 버들잎 그늘에서 아이는 자연의 품에 안긴 듯 포근한 기분을 느낄 뿐만 아니라, 부모는 아이가 노는 모습을 지켜볼 수 있어서 마음이 놓이지요. 아지트에 스위트피(1~2년생 덩굴식물)나 담쟁이, 재스민 같은 덩굴 식물이 얽혀 자라면 향기로워지는 데다 더욱 흥미로운 공간이 됩니다. 콩 같은 식용작물을 길러도 좋고요.

잔디를 심어서 낮은 발판이나 앉을 자리도 쉽게 만들 수 있습니다. 먼저 어린 버드나무 가지를 둥글게 감아서 땅에 고정하고 그 안을 흙으로 채운 다음, 그 위에 잔디 또는 로즈마리나 카밀러처럼 낮게 자라는 허브를 키웁니다. 그 위에 앉으면 허브 향기가 솔솔 풍기지요. 이런 자리는 친구들끼리 정답게 앉아 이야기를 나눌 수 있도록 원 모양으로 만들면 좋습니다. 요정의 동굴은 버드나무를 비롯한 어떤 나무든 가느다란 가지만 있으면 만들 수 있는 데다, 크리스털과 풍경도 매달아준다면 모험 놀이의 분위기까지 살아난답니다.

아이와 함께 정원이나 텃밭 가꾸기를 하면서 지금 무슨 일을 하는지, 왜 하는지 등을 주제로 이야기를 나눠보세요. 꽃뿐만 아니라 과일나무와 채소도 심어봅니다. 채소를 싫어하는 아이라도 자신이 직접 키운 것은 잘 먹는답니다. 그리고 작은 씨앗에서 큰 나무로 커가는 식물의 성장에 대해 이야기해보세요. 식물이 건강하게 잘 자라려면 무엇이 필요한지, 이를테면 빛과 물이 필요한 것을 아는지 아이에게 물어보세요.

흙이 어떻게 만들어지는지를 이야기하고, 직접 퇴비를 만들면서 설명합니다. 벌레가 흙 속에서 유기물을 분해하는 방식을 직접 확인시켜주기 위해 정원에 줄지렁이(낚시 미끼) 사육 상자를 두는 것도 고려해보세요. 그러다 보면 영양분이 풍부한 흙을 보너스로 얻기도 하지요.

09 탐구지능을 높이는 펠트 꽃 만들기

아이가 이해할 수 있는 쉬운 말로 식물의 구조를 설명하는 활동입니다. 아이는 살아 있는 식물을 관찰하면서 식물의 외부 기관을 직접 체험하는 공부를 할 수 있습니다. 돋보기가 있다면 아이에게 돋보기를 잎에 대고 잎맥을 관찰해 보라고 권해보세요. '잎맥은 사람의 혈관과 비슷한 것으로, 식물에 필요한 물과 양분을 전달한단다'라는 설명도 곁들여주시고요.

이제 아이와 함께 펠트로 식물 모형을 만들어봅니다. 펠트에 식물 기관을 그린 다음 오려내세요. 이 활동을 통해 아이는 한층 가위를 능숙히 사용하게 된답니다. 펠트를 오리는 것은 종이를 오리는 것보다 훨씬 힘들므로 이 활동에는 엄마의 도움이 필요할 수도 있습니다.

♥ 이렇게 이끌어주세요 ♥

활동 전 모종을 구해 뿌리의 흙 씻어두기 (데이지 종류가 좋습니다)

만들기 만들기 기본 세트, 펠트(노란색, 녹색, 주황색), 갈색 실, 융판

Coaching Plan

● 자연과학적 지식을 어떻게 가르쳐야 할지 잘 모를 때

● 활동: 식물 기관 공부하기

● 코칭 분야: 탐구지능

 다음과 같은 질문으로 식물에 대한 아이의 지식을 확인합니다. '이 것 좀 보렴. 식물의 이런 부분을 뭐라고 부르는지 아니?'

어떤 부분이 잎·뿌리·줄기·꽃인지 설명합니다. 각 기관이 하는 일을 아이가 이해하기 쉽게 설명해주세요.

 아이에게 식물을 살펴보라고 합니다. 원한다면 각 기관을 해부해도 좋습니다. 야외나 공원으로 가 다른 식물도 살펴보고, 아이가 각 기관을 알아보는지 확인해주세요.

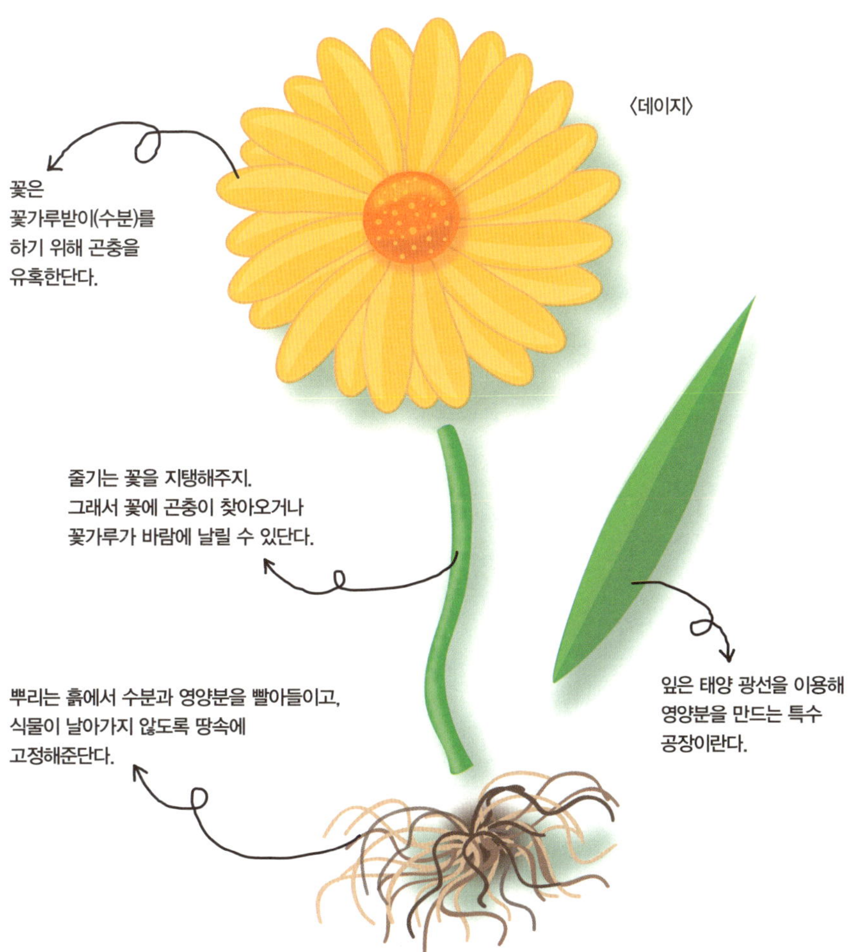

마지막으로 아이에게 펠트로 식물 모형을 만들어보게 합니다. 펠트에 잎, 줄기, 꽃잎을 그립니다. 아이가 그린 식물 기관을 오린 다음 융판에 붙이고, 갈색 실로 뿌리를 만듭니다.

평가 10분 공부한 내용을 복습합니다. 아이가 식물의 각 기관 이름과 하는 일을 기억하고 있나요?

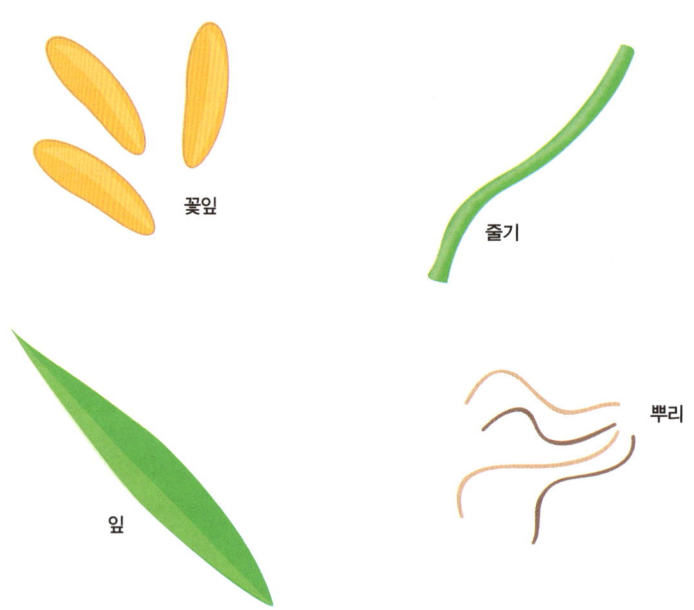

10 관찰하고 이해하는 힘을 기르는 화분 텃밭 만들기

화분 텃밭 만들기는 아이에게 식량이 어디에서 어떻게 만들어지는지 간단하게나마 알게 해줍니다. 식량이 우리 식탁에 오르기까지 전 세계의 어느 곳에서 생산되는지 생각해보게 해주세요. 이 과정을 통해 아이는 지리 공부의 기반이 되는 개념을 일찌감치 접하게 됩니다.

아이는 이 활동을 통해 어떻게 식량을 재배하는지에 대해서도 공부하게 되며, 씨앗은 어떻게 싹 트고 식물이 건강하게 잘 자라려면 무엇이 필요한지와 같은 과학적 개념을 배웁니다. 그리고 인간이 자연에 얼마만큼 의존하는지 알게 되고, 자연에 감사하는 마음을 느끼게 된답니다. 아이는 식량을 수확하면서 진짜 성취감을 느끼게 되며, 집 안 한구석에 마련한 텃밭에서 작물을 가능한 오래 키우고 싶다는 마음이 들겁니다.

♥ 이렇게 이끌어주세요 ♥

활동 전 원산지 표시를 한 식품 찾아보기, 세계지도 또는 지구본으로 식품 생산국 확인하기

준비물 배양토가 담긴 화분, 상추 씨와 무

Coaching Plan

- 농수산물이 어떻게 우리집 식탁에 오르는지 가르치기 어려울 때
- 활동: 화분 텃밭 만들기
- 코칭 분야: 논리지능, 탐구지능

씨, 물뿌리개

주제 `15분` 아이에게 식품은 어디에서 오는지 아냐고 물어봅니다. 아이가 '가게'라고 대답한다면, 가게는 어디에서 식품을 받아 오는지 다시 물어봅니다. 이런 식으로 우리가 먹는 식품을 누가 어떻게 재배하는지 이야기를 이어갑니다. 밀을 빻아서 밀가루를 만들고, 밀가루로 빵을 만드는 것처럼 가공식품(또는 다른 종류로 만든 식품)도 이 같은 방식으로 이야기합니다. 식품에 붙어 있는 표시와 스티커를 잘 살펴보고, 생산국이 어디인지를 보세요. 그리고 세계지도 또는 지구본에서 그 나라의 위치를 확인해봅니다.

활동 `20분` 이제 아이에게 먹을거리를 함께 키워보자고 말합니다. 배양토가 담긴 화분에 씨를 뿌리고 흙을 잘 덮은 다음 물을 주고, 빛이 잘 드는 곳으로 옮겨둡니다. 상추 씨와 무 씨는 파종한 지 며칠이 지나면 싹이 나고 빠르게 자라므로, 아이는 결과를 빨리 볼 수 있지요. 작물을 수확한 뒤, 감사하는 마음으로 먹습니다.

 우리가 먹는 식품을 생산하는 전 세계
의 모든 사람에 대해 이야기를 나눠봅니다. 농
작물 체험 농장 또는 근처의 주말농장을 찾아
작물이 생산되는 모습을 직접 보는 견학 활동
을 준비해보세요.

{ **PLUS TIP** }　　아이에게 직접 재배한 작물로 간식을 준비해보라고 권하세요. 이 과정을 통해 건
강한 먹을거리와 하루에 과일과 채소 다섯 가지를 먹는 것이 얼마나 중요한지 이야기해주면 더욱 좋
답니다.

11 상상력을 발동하는 탐험 놀이

이번은 순전히 아이의 상상력을 발동시키기 위한 활동입니다. 아지트는 간단하게 또는 복잡하게, 자기 마음대로 만들 수 있습니다. 이 연령대의 아이들에게는 탁자 위에 담요만 깔아도 자기만의 아지트가 생겼다고 기뻐합니다. 이 활동은 창의적으로 생각하고 말하는 능력을 성장시켜줍니다. 마음의 눈으로 '보고' 그것을 말로 묘사해야 하기 때문이지요.

아이에게 아이디어가 잘 떠오를 만한 공간을 마련해줍니다. 이때 엄마는 약간의 제안과 조언을 해줘도 된답니다. 함께 모험을 다룬 책이나 영화, 애니메이션을 보면서 아지트를 어떻게 꾸릴지 이야기합니다. 이러한 활동으로 아이는 장소에 대한 감각을 키우고, 다양한 정보를 얻게 되지요. 이런 감각은 훗날 과학과 지리를 공부할 때 무척 유용하답니다.

Coaching Plan

● 상상력을 어떻게 자극해야 할지 잘 모를 때

● 활동: 상상으로 탐험 떠나기

● 코칭 분야: 논리지능, 탐구지능

만들기 천(식탁보 또는 침대 시트, 커튼), 쿠션, 모자, 가방, 컴퍼스, 장난감 쌍안경, 어린이용 세계지도, 아름답고 야생적인 장소를 담은 사진, 음료수와 식량

주제 `15분` 천으로 아이를 위한 천막을 만듭니다. 그냥 등받이가 있는 의자 두 개를 놓고 그 위에, 또는 작은 탁자 위에 천을 덮어씌우는 식으로 간단하게 만들어도 좋답니다. 천막 안에 쿠션과 소품을 늘어놓습니다. 이제 탐험 놀이를 시작한다고 아이에게 말해주세요.

활동 `30분` 지금 하는 탐험에 대해 이야기하면서 아이의 상상력을 자극해주세요. 여행 안내 책자에 나온 사진과 지도를 살펴봐도 좋습니다. 어떤 나라를 탐험할까요? 그곳은 추울까요, 아니면 더울까요? 그곳에는 정글과 사막이 있을까요, 아니면 산과 폭포가 있을까요? 어떤 동물들이 있을까요? 탐험하면서 사람을 만날 수 있을까요? 이 여행에는 무엇이 필요할까요? 준비물을 챙겨 가방을 꾸리면서 물건 하나하나의 용도에 대해 이야기합니다.

이제 아이와 함께 집과 정원을 산책하며 탐험하게 될 미지의 세계에 대해 이야기를 나눠보세요. 늪지를 건너고 있는가요? 무서운 악어가 있는가요? 산은 오르기 힘든가요? 하늘에 독수리가 보이나요? 세

세한 내용을 많이 덧붙일수록 아이가 아이디어를 떠올리는 데 도움이 된답니
다. 물론 아이도 스스로 생각해낸 아이디어를 덧붙여야 하지요.

평가 ⑩분 아이와 앉아서 함께했던 '여행'에 대해 이야기를 합니다. 아이는 어
떤 일을 기억하나요? 진짜 탐험가가 되면 어떤 기분일까요? 흥분했을 때의 느
낌과 무서웠을 때의 느낌에 대해 이야기해봅니다. 그리고 간식을 먹습니다. 간
식이 이국적인 과일이라면 과일의 원산지에 대해서도 이야기하고, 지도에서 그
나라를 찾아보세요.

12 공간 상상력을 높이는 지도 그리기

아이의 상상력을 자극하는 활동입니다. 아이는 환상 속에 존재하는 '아틀란티스' 같은 잃어버린 도시의 특색을 묘사하면서 스토리텔링 기술을 향상하고, 물감과 펜, 콜라주 재료를 사용하여 지도 그리기 활동을 하면서 미술 감각도 자극받습니다. 또 고대 지도를 그리기 위해 생각을 하다 보면, 아이는 역사적 유물이 어떻게 생겼는지 추측하는 과정을 통해 역사와 고고학에 재미를 느끼게 된답니다.

♥ 이렇게 이끌어주세요 ♥

활동 전 어린이용 세계지도 찾아보기

만들기 만들기 기본 세트, 커다란 흰 종이, 초, 갈색 물감, 붓, 금박 또는 은박 사탕 포장지 조각, 빨간색 리본, 빨간색 공작용 점토

주제 (15분) 아이에게 지도와 지도의 용도에 대해 이야기를 합니다. 세계지도를 보면서 지금 살고 있는 곳을 가르쳐주

Coaching Plan

- 상상력을 자극하는 방법을 잘 모를 때
- 활동: 상상의 도시 지도 그리기
- 코칭 분야: 공간지능, 언어지능

세요. 아이와 함께 지도에 나타난 강과 산, 철도 등을 이야기합니다. 그리고 이제 잃어버린 도시 '자가(엄마가 이름을 붙이고, 도시에 대한 설명을 해주세요. 물론 이 나라는 엄마가 창조한 도시입니다)'를 찾아보자고 말해주세요. 하지만 그보다 먼저 지도를 만들어야 하지요. 엄마와 아이가 힘을 모아 상상력을 발휘해보세요. 최대한 황량하고 오싹해 보이도록 만듭니다. 그곳에는 누가 사나요? 반짝이는 파란색 서리로 뒤덮인 거인이 사나요? 아니면 눈이 이글거리는 불의 괴물이 살고 있나요? 그곳에 사는 생물은 무엇을 먹나요? 아이와 함께 잃어버린 도시가 눈에 보이듯이 생생하게 그려보세요.

활동 45분 커다란 종이의 가장자리를 촛불로 살짝 그을려 오래된 유품처럼 보이게 만든 다음 아이에게 주세요. 아이는 물에 갈색 물감을 조금 타서 엄마가 만든 종이의 양면을 칠합니다. 지도에 그려 넣은 지형을 볼 수 있어야 하므로 색이 너무 진하면 안 된다는 점을 유의해주세요.

종이가 마르면 아이에게 강, 산, 사막, 정글, 늪 같은 지형을 그려 넣어 보라고 합니다. 그리고 사탕 포장지를 다양한 모양으로 오리고 지도에 붙여서 화려한 도시를 만들게 해주세요. 끝으로 지도의 아래쪽에 관인을 붙이라고 합니다. 지도에 짧은 리본 두 개를 풀로 붙이고 빨간색 점토로 공 모양을 만든 다음, 동전을 대고 꾹 눌러서 본

을 뜹니다. 이 둥그런 본을 리본에 붙여서 관인을 만들면 완성이지요.

 지도에 대해 이야기한 후, 아이에게 지도 만드는 방법을 차례대로 말해보라고 합니다. 아이는 지도에 그린 것이 각기 무엇을 가리키는지 기억하나요? 그러고 나서 아이와 함께 지도를 가지고 잃어버린 도시 '자가'에서 보물찾기 놀이를 합니다. 사탕 포장지를 붙일 때 아이 모르게 사탕을 넣어 숨겨두세요.

{ PLUS TIP } '잃어버린 도시'의 보물이 될 물건을 만들어봅니다. 이를테면 사탕 봉지나 포장지로 플라스틱 병을 감싸서 귀중한 그릇처럼 보이게 하는 것이지요. 또 금박지로 동전을 만들고, 판지에 반짝이 가루를 붙인 커다란 '보석'으로 목걸이를 만듭니다.

13 예측하고 검증하는 힘을 키우는 배 만들기

학교에서 배우게 될 '뜨기와 가라앉기'를 미리 배워보는 이 놀이는 정말 재미있는 활동이랍니다. 아이는 대개 무거우면 가라앉고, 가벼우면 뜬다고 단순하게 생각하지요. 하지만 철로 만든 커다란 배가 물에 뜨듯, 실제로는 그렇지 않기 때문에 이와 같은 사고가 굳어지지 않도록 해야 합니다. 아이가 과학적으로 그릇된 사고를 하게 된다면 나중에 다시 배워야 하므로, 무척 번거롭고 힘든 일이 되기 때문이지요.

물건이 물 위에 뜨는 것은 물이 밀어 올리는 힘, 즉 부력 때문입니다. 고무찰흙으로 같은 무게의 배와 공을 만들어서 비교하는 실험을 해봅니다. 이때 배의 바닥은 편평하게, 뱃전은 높게 만듭니다. 배 바닥이 편평하면 물을 누르는 표면적이 넓어지고, 그만큼 부력도 커지기 때문에 배는 물에 뜨게 되지요. 하지만 같은 무게의 공은 물에 닿는 면적이 작은 만큼 부력이 적어 가라앉게 됩니다. 실험으로 아이에게 이런 과학적 사실을 증명해주세요.

Coaching Plan

● 과학 원리를 어떻게 가르쳐야 할지 잘 모를 때

● 활동: 뜰까? 가라앉을까?

● 코칭 분야: 탐구지능

이 활동은 아이에게 수학적 주제를 알려줍니다. 물로 큰 그릇을 채우는 실험을 할 때, 그 그릇을 가득 채우려면 물이 몇 컵이나 있어야 할지 아이는 어림할 수 있을까요?

♥ 이렇게 이끌어주세요 ♥

만들기 물에 뜨거나 가라앉는 다양한 물건(목욕 장난감, 코르크 마개, 플라스틱 컵, 동전, 돌멩이, 빈 아이스크림 통, 열쇠, 사과, 화장솜, 조개껍데기, 플라스틱 공 등), 물을 가득 채운 설거지통, 펜, 원 두 개를 그려둔 종이(하나에는 '뜨는 것', 다른 하나에는 '가라앉는 것'이라고 쓴다)

주제 **15분** 물에 뜨는 것(부유)과 가라앉는 것(침몰)을 이야기합니다. 그리고 아이가 그 말의 뜻을 이해했는지 확인해주세요. 아이에게 물에 뜰 수 있는 물건의 예를 들어보라고 합니다. 이때는 아이가 목욕 장난감과 그 밖에 수영 튜브, 돛단배처럼 익숙한 물건을 말할 수 있게 유도해주세요

활동 **20분** 준비한 물건을 늘어놓은 다음, 아이에게 자세히 보고 물에 뜰 물건과 가라앉을 물건을 예상해보라고 합니다. '뜨는 것', '가라앉는 것'이라고 쓴 종이에 아이가 직접 그려 넣어도 된답니다. 그다음에는 물건을 차례로 물에 띄어 실험해보세요. 아이의 예상은 옳았나요?

평가 (10분) 아이가 왜 그런 결정을 했는지 이야기를 나눠봅니다. 아마 가벼운 것은 뜨고 무거운 것은 가라앉는다고 대답할지도 모릅니다. 아이에게 '어느 정도 맞는 말이지만 항상 그렇지는 않다'고 말해주세요. 그리고 커다란 배를 예로 들어 설명합니다. 배는 금속으로 만들어서 아주 무겁지만 물에 뜨지요. 여러 가지 물건으로 실험을 거듭하면서 아이의 예상이 사실과 얼마나 다른지 확인해보면 아이는 점점 더 흥미를 느끼게 된답니다.

{ PLUS TIP } 플라스틱 용기로 배를 만듭니다. 그리고 배가 가라앉기 전까지 그 안에 공깃돌을 넣는다면 공깃돌이 몇 개나 들어갈 수 있을까요? 아이는 공깃돌 개수를 어림잡을 수 있나요?

14 과학 이해력을 발달시키는 아이스바 만들기

이번 주제는 과학에서의 물질 변화입니다. 아이스바를 만드는 간단한 활동이지만, 아이는 여기에서 물질의 상태(실제로는 이 용어를 사용하지 않습니다), 즉 그 물질이 고체인지, 액체인지, 기체인지 생각해보고 이야기를 하게 되지요. 아이가 이런 식으로 물질을 확인할 수 있게 되려면 많은 연습이 필요합니다. 액체는 부을 수 있지만 고체는 부을 수 없다는 실례를 들어가면서 이 개념을 강화시켜주세요. 단 소금이나 설탕, 가루 등은 액체처럼 부을 수 있지만 고체라는 것을 유의해야 합니다.

주스를 얼리면 액체에서 고체로 상태가 바뀌지요. 엄마는 주스가 액체에서 고체로 바뀌었다는 사실을 아이에게 꼭 알려줘야 한답니다.

♥ 이렇게 이끌어주세요 ♥

만들기 과일 주스, 아이스바 틀 또는 플라스틱 컵, 각얼음

주제 `10분` 과일 주스 한 컵을 준비합니다. 아이와 함께 주스가 고체가 아니라 액

Coaching Plan

● 물질의 특성과 상태 변화를 어떻게 가르쳐야 할지 잘 모를 때

● 활동: 액체를 고체로 바꾸기

● 코칭 분야: 탐구지능

체인 이유에 대해 이야기하고, 아이에게 고체을 알아보고 설명하라고 해보세요. 아이에게 '주스가 든 컵을 한쪽으로 기울이면 어떻게 될까?' 또는 '젤리처럼 움직이지 않을까, 아니면 물처럼 흐를까?' 하는 식으로 물어봅니다.

아이가 생각해낼 수 있는 다른 액체가 있나요? 부엌에서 우유나 간장 같은 액체도 찾아서 실험해볼 수 있답니다.

활동 30분 아이에게 과일 주스로 만든 아이스바와 과일 주스가 어떻게 다른지 물어보세요(엄마가 예상하는 답은 아이스바는 고체이므로 부을 수 없다는 것입니다). 아이스바 틀이나 플라스틱 컵에 과일 주스를 채우고 냉동실에 넣습니다. 주스가 얼면 냉동실에서 꺼내서 아이에게 먹어보라고 하세요. 그리고 주스가 액체에서 고체로 바뀌었다고 말해줍니다.

아이에게 어떻게 하면 아이스바가 고체에서 액체로 돌아갈 수 있는지 물어봅니다. 아이가 대답하지 못한다면, 아이스크림을 냉장고에 넣어두지 않으면 어떻게 되느냐는 질문으로 힌트를 주세요. 아이는 아이스크림이 녹았다는 사실을 기억할 것입니다.

평가 (10분) 냉동실에서 각얼음을 꺼내 따뜻한 곳에 두고, 고체인 얼음이 액체인 물로 변하는 것을 증명합니다. 액체에서 고체로, 또는 그 반대로 변화하는 다른 음식을 아이가 생각해낼 수 있나요? 초콜릿을 녹이고 틀에 부어서 여러 가지 모양으로 만들어보는 실험을 해봐도 좋답니다.

{ PLUS TIP } 아이와 함께 얼음 그릇을 만들어 액체가 얼면 고체로 될 수 있다는 점을 강조해주세요. 6리터 정도되는 그릇에 물을 반쯤 붓고, 그 안에 3리터짜리 플라스틱 그릇을 넣습니다. 두 그릇의 윗부분을 테이프로 붙여 작은 그릇과 큰 그릇 사이에 물이 차오르도록 해 냉동실에 넣어주세요. 몇 시간 후에는 얼음 그릇이 완성되지요. 물에 라즈베리나 허브 잎을 띄워 얼리면 예쁜 얼음 그릇을 만들 수도 있답니다.

15 이해력과 검증하는 힘을 기르는 초콜릿 스푼 만들기

아이가 과학 지식과 함께 실용적인 기술까지 익힐 수 있는 활동입니다. 아이는 이번 활동으로 초콜릿을 가열할 때와 식힐 때의 변화(가역 변화)를 배우게 됩니다. 그리고 인터넷을 이용한 조사 작업에 관심이 커지게 됩니다. 이뿐만 아니라 변화가 일어나는 것을 설명하면서 자기 의견을 전개하게 되지요. 활동의 마지막으로 핫초코 음료를 만들어보세요. 배운 내용에 대한 인식을 강화하고, 논의한 내용을 확실히 내 것으로 만드는 효과적이고 좋은 방법입니다.

♥ 이렇게 이끌어주세요 ♥

만들기 바형 초콜릿 두 개, 전자레인지, 일회용 스푼 2개, 쟁반, 우유 2컵

주제 **10분** 초콜릿 하나를 뜯어서 아이와 함께 먹어봅니다. 그리고 입안에 있는 초콜릿이 어떤 느낌인지 대화를 나눠보세요. 처음에는 고체였지만 곧 입안의 열로 녹아버렸지요. 손가락으로 초콜릿 한 조각을 집어 들고 손의 체온으로 초콜릿이 녹

Coaching Plan

● 물질의 상태 변화를 어떻게 가르쳐야 할지 잘 모를 때

● 활동: 초콜릿 스푼 만들기

● 코칭 분야: 탐구지능

는 모습을 보여줍니다. 손에서 녹아내린 초콜릿을 닦으면서 열(이 경우에는 손)이 초콜릿을 고체에서 액체로 바꿨다는 점을 다시 이야기해주세요.

활동 (40분) 전자레인지로 초콜릿을 녹입니다. 아이에게 녹은 초콜릿을 조심스레 저어보고 초콜릿에 일어난 변화를 설명해보라고 하세요. 아이는 열 때문에 초콜릿이 고체에서 액체로 바뀌었다고 말할 수 있을 것입니다. 아이와 함께 플라스틱 스푼을 하나씩 들고 초콜릿에 담가서 듬뿍 묻혀둡니다. 초콜릿 스푼을 쟁반에 올려놓고 초콜릿이 굳을 때까지 기다리세요. 초콜릿이 식으면서 고체로 바뀌게 하는 것은 무엇인지 아이에게 설명해달라고 하세요

평가 (10분) 우유를 데워서 유리컵 두 잔에 따르고 초콜릿이 묻은 스푼을 하나씩 컵에 넣어 저으세요. 따뜻한 우유의 온도로 초콜릿이 녹으면서 우유가 흰색에서 갈색으로 변해 맛있는 핫초콜릿이 완성됩니다. 하지만 아이는 초콜릿을 바뀌게 한 것이 무엇인지 대답해야만 핫초콜릿을 마실 수 있지요.

{ **PLUS TIP** } 딸기나 라즈베리처럼 부드러운 과일을 녹여둔 초콜릿에 푹 담갔다가 꺼냅니다. 또는 녹은 초콜릿을 예쁜 모양의 틀에 붓고 식혀서 다양한 모양의 고체 초콜릿을 만들어도 좋답니다.

16 감정 능력과 감성 두뇌를 자극하는 표정 놀이

감정 능력과 감성 지능을 높여주는 활동입니다. 아이는 이 활동으로 자신의 기분을 이야기하는 데 필요한 어휘를 배우게 됩니다. 살아가면서 정말 필수적인 기술이지요. 어린아이는 대개 감정을 강렬하게 느끼지만 정확히 말로 표현하지는 못한답니다. 이 활동을 하면서 의논하는 과정에서 밖으로 드러나는 표정과 기분을 설명하게 되므로 사고 기술이 발달합니다. 아울러 언어 기술 측면에서는 어휘력을 쌓게 되지요. 감정과 신체 언어를 연기하는 과정에서 아이는 신체 동작에 대한 자신감이 생기는데, 이는 나중에 학교에서 할 연극 활동의 준비도 되는 셈입니다. 콜라주 활동을 하면 아이는 미술과 공예의 기초 기술인 오리기와 붙이기를 연습할 수 있답니다.

♥ 이렇게 이끌어주세요 ♥

만들기 잡지에서 오린 다양한 표정의 얼굴 그림이나 사진 10개, 거울

주제 (15분) 아이와 함께 얼굴 그림(사진)을 살펴봅니다. 그리고 아이에게 각 사람의 감정과 그

Coaching Plan

● 다양한 감정을 어떻게 이해시켜야 할지 잘 모를 때

● 활동: 표정 놀이

● 코칭 분야: 감정지능(자기이해지능), 언어지능

사람이 왜 그런 기분인지를 설명해달라고 합니다. 아이가 대답을 어려워한다면 한 가지 이유를 알려준 다음 아이에게 다른 이유를 말해보라고 합니다. '이 사람은 지금 슬퍼하고 있어. 왜냐하면 비가 와서 밖에 나가 놀 수 없기 때문이란다.'

활동 15분 부모와 아이를 모두 행복하게, 화나게, 또는 흥분하게 하는 것에 대해 이야기합니다. 감정을 나타내는 말을 되도록 많이 생각해내세요. 표정뿐만 아니라 신체 언어도 사용해서 여러 가지 기분을 표현해봅니다. 아이에게 거울을 보며 자신의 표정이 다양하게 바뀌는 것을 바라보라고 하세요.

평가 20분 잡지에서 얼굴 그림을 오려 콜라주를 만듭니다. 그 후 감정을 하나씩 말하고 그 감정이 드러난 얼굴을 고르게 해서, 아이가 '감정을 나타내는 단어'를 기억하는지 확인합니다.

{ PLUS TIP } 아이에게 커다란 종이와 물감을 주고 다양한 표정의 얼굴을 그리게 해보세요. 그림이 마르면 오려내고, 다른 종이에 매직으로 그림의 제목을 씁니다. 그런 다음 아이에게 여러 그림과 제목을 서로 연결해보라고 하세요.

두뇌 자극하는 엄마의 기술 ❸

부모는 단순히 외출한다고 생각할지도 모르지만, 아이는 모든 외출에서 배우는 것들이 매우 풍부합니다. 나가기 전에 잠깐만 생각해본다면 가족끼리의 외출을 학습과 접목할 수 있답니다. 주의해야 할 점은 가족 외출이 학습으로 인해 부모님과 아이 모두에게 힘든 시간이 되어서는 안 된다는 것입니다. 외출의 즐거움이 모두 사라질 테니까요.

어디서든 눈에 보이는 것에 대해 이야기하는 습관을 들이세요. 아이가 보는 것에 대해 '만약 ~라면 어떻게 될까?', '왜 그렇게 생각하니?'라는 열린 질문을 하고, 아이가 되물을 수많은 질문에 대답할 준비를 합니다. 답을 모르더라도 걱정하지 마세요. 만약 부모님이 책이나 인터넷에서 답을 찾는 동안 아이에게 옆에 앉아서 도와달라고 한다면, 그동안 아이에게 매우 중요한 것을 가르칠 수 있답니다. 바로 조사하는 방법이지요.

 ## 슈퍼마켓

언제 어디에서 쇼핑을 하든, 무엇을 살지 그리고 그 식품은 어디서 생산되었는지 이야기합니다. 아이는 대답에 대한 실마리를 찾을 수 있을까요? 포장에 있

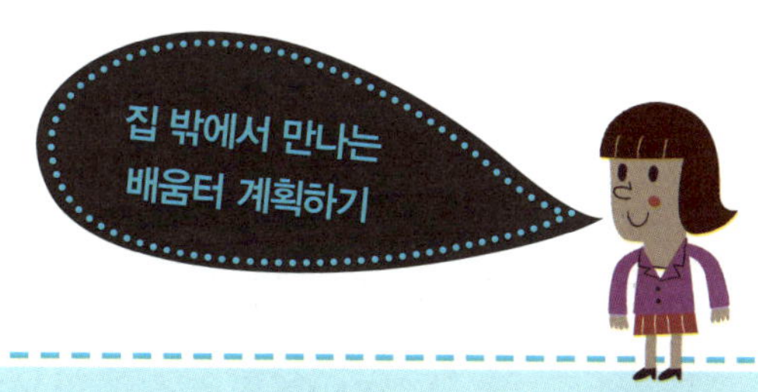

는 상표나 스티커 혹은 매장에 진열된 물건들을 보세요. 그리고 여러 지역, 여러 나라에서 생산된 식품에 대해 아이에게 물어봅니다. 예를 들자면 이렇게요. '파인애플이나 바나나 같은 특정 작물은 왜 재배할 수 있는 나라와 없는 나라가 있을까?' '열대 과일과 채소가 어떻게 우리 동네까지 왔을까?' '누가 길렀을까?' 그런 다음 외국에서 온 농산물을 조금 사가지고 집으로 돌아와, 아이와 함께 맛보며 이 과일과 채소는 어디에서 재배되었는지 지도를 보고 찾아봅니다.

또 신선 식품의 색상에 대해서도 이야기해보세요. 딸기의 빨강과 체리의 빨강은 똑같은 빨간색일까요? 오렌지와 체리 중에서 어느 쪽이 더 진한 붉은색일까요? 아이가 이름을 댈 수 있는 '초록색' 채소는 몇 가지인가요? 먹어본 적이 없는 식품을 찾을 수 있나요? 그 식품에 대해 이야기하고, 어떤 맛일까? 아이와 함께 추측해본 다음 집으로 돌아와 누구의 짐작이 맞았는지 확인해봅니다.

여러 가지 유기농 식품을 알려줄 수도 있습니다. 아이는 유기농의 뜻을 알고 있나요? 아이는 사람들이 왜 유기농 식품을 산다고 생각하나요? 유기농 작물을 직접 길러볼 수도 있을까요?

 ## 산, 숲, 해변, 계곡, 연못

자연은 주변 어디에서나 볼 수 있습니다. 간단한 안내서를 들고 가까운 산이나 숲으로 가 나무와 나뭇잎, 식물, 곤충을 확인합니다. 그리고 나뭇잎이나 나무 열매, 깃털, 돌멩이 같은 재료로 만든 수집품을 아이에게 '보여주며 설명하기' 를 시켜보세요. 이 같은 소재로 콜라주를 만들어봐도 좋답니다.

나뭇잎 색이 변해가고 있다면 왜 그런 현상이 일어나는지 함께 알아보고, 나뭇잎을 모아서 나뭇잎 관찰 일지도 만들어봅니다. 계절을 알려주는 다른 신호들도 찾아보세요. 해변에서도 손쉽게 체험 학습을 할 수 있답니다. 예를 들어 아이와 함께 모래성을 만들면서, 크기를 어림하고 길이를 재고 다양한 모양을 보며 수학을 공부할 수 있지요. 또한 아이에게 돌멩이와 모래를 보여주며, 움직이는 파도가 어떻게 돌멩이를 모래로 바꾸는지 이야기해주세요. 돌로 만들 수 있는 물건은 무엇이고, 돌을 재료로 사용하는 이유는 무엇일까요(저항력, 내구성 등의 대답이 있지요.)? 해변을 따라 걸으며 바닷가에 있는 동식물을 본 다음, 바위 사이의 웅덩이로 가보세요. 어떤 생물이 있나요?

계곡에서는 수영을 할 수 있고, 이와 별도로 과학 수업도 할 수 있답니다. 수영 튜브를 이용해 물에 뜨는 것과 가라앉는 것을 설명해줍니다. 아이에게 물에 떠보라고 한 후, 부력에 대해 말해주세요. 주변을 산책하면서 과학 여행을 할 수도 있습니다. 물속에 사는 식물과 동물을 자세히 관찰하고, 먹이사슬에 대해서도 이야기합니다. 먹이사슬의 시작은 태양이지요. 그다음은 녹색식물과 초식동물이고, 마지막은 육식동물입니다. 또 육식동물 중에는 다른 작은 육식

동물을 먹는 동물, 즉 최고 포식자도 있다는 사실을 알려주세요(예를 들면 개구리를 먹는 족제비가 있습니다). 집으로 돌아와서 먹이사슬 그림을 그려볼 수도 있지요. 또한 개구리, 두꺼비, 도롱뇽, 잠자리처럼 변태하는 동물을 이야기할 수도 있고요. 계곡이나 연못에 갈 때 스케치북과 크레용을 가져가면 아이는 자연의 모습을 그릴 수 있습니다. 아이와 함께 계곡 혹은 연못에 대한 시도 지을 수 있습니다. 시를 지을 때는 묘사하는 대상을 연상시키는 의성어 표현을 하면 좋답니다. 예를 들어 '계곡에서 참방참방 물이 튀어요'나 '연못에서 잉어가 펄쩍펄쩍 뛰어요', '연못에는 찰팍찰팍한 진흙이 있어요'처럼 말이지요.

 박물관과 미술관

박물관 견학을 하면 곤충, 공룡, 우주여행 등 정말로 아이의 관심을 끄는 주제가 무엇인지 자세히 알 수 있습니다. 박물관으로 가기 전에는 조사해야 할 궁금한 것들을 생각해보고, 박물관에 간 뒤에는 탐정 놀이를 해봅니다. 예를 들어 공룡 전시회에 갈 계획이라면 구체적으로 추리해야 할 분야(어쩌면 공룡의 색깔일 수도 있겠지요)에 초점을 맞추는 것이지요. 공룡은 무슨 색인지 어떻게 알 수 있을까요? 미술관에 갈 때는 스케치북을 챙겨 갑니다. 아이는 좋아하는 작품을 스케치할 수 있지요. 아무리 어려도 네 살만 되면 충분히 들고 갈 수 있습니다. 미술관에 갔을 때 찍은 사진을 앨범에 꽂고 아이가 직접 그린 스케치까지 넣는다면 감동이 더욱 커진답니다. 아이가 특정 작품을 좋아하는, 또는 좋아하지 않는 이유를 말할 수 있는지 물어보세요. 아이에게 이 질문에는 맞는 답도 틀린 답도 없으니 자신의 생각을 말해보라고 권합니다. 작품의 색조, 색상, 명암에 대해 말하며 아이로 하여금 미술 용어를 접하게 해주세요. 색연필, 크레용이나 크레파스, 파스텔, 도화지를 가져가면 아이는 미술관을 찾은 꼬마 미술학도나 꼬마 화가처럼 보일 것이랍니다.

공원

온실이 있는 공원에 가면 열대우림이나 사막과 같은 전 세계 여러 서식지에 대해 생각할 기회가 생깁니다. 그리고 세계 곳곳에는 무엇이 있고(지리학), 어떤 동식물이 사는지(과학) 등 전 세계의 다양한 장소에 대해 토론할 수 있게 되지요. 집에 돌아온 후에는 창의성을 발휘하여 상자로 공원의 입체 모형을 만들거나, 사막에 사는 동물 이야기를 쓴다거나, 정글을 모험하는 보드 게임을 만들 수도 있습니다. 아이의 상상력이 자유롭게 날갯짓하게 해주세요. 그리고 동영상과 사진을 구해서 아이가 다시 한 번 보고 그 내용을 기억하고 되살릴 수 있게 해주세요.

유적지

옛날 옛적 석기시대나 청동기시대의 유적지 또는 여러 왕조가 들어선 성과 왕

궁 등을 방문할 때는, 옛날에 그곳에 살았다면 어땠을까 상상하면서 역사 속으로 들어가 봅니다. 당시의 생활은 지금과 어떻게 달랐을까요? 사람들은 어떤 일을 했고, 무엇을 입었을까요? 집으로 돌아와 당시 사람들처럼 차려입을 수 있는 소품을 모아봅니다. 아이는 집에서 역할 놀이를 하며 당시로 시간 여행을 떠난다면 어떤 기분일지 상상할 수도 있답니다.

농장

농장에 가면 동물의 한살이를 배울 수 있습니다. '농장에 있는 아기 동물은 엄마와 비슷할까?', '농장에 있는 동물은 무엇을 먹을까?', '초식동물일까, 육식동물일까, 아니면 고기와 식물을 모두 먹는 동물일까?'와 같은 질문을 통해서 말이지요. 동물을 건강하게 키우려면 무엇이 필요할까요? 우리가 먹는 식품은 어디에서 어떻게 생산될까요? 많은 아이들, 특히 도시에서 자란 아이들은 자신이 먹는 음식과 농장에서 자라는 동식물의 관계를 잘 알지 못한답니다.

우리 집 미술관

아이의 작품을 전시하는 목적은 두 가지입니다. 하나는 작품을 진열하는 역할, 다른 하나는 학습을 촉진하는 자극제 역할이지요. 따라서 가장 좋은 전시는 이 두 가지 목적을 모두 충족시키는 것입니다. 아이의 작품을 전시해놓으면 아이는 자신의 작품을 소중히 여긴다고 느끼며 자부심도 커진답니다. 부엌은 아이의 모든 작품, 즉 주르륵 써놓은 숫자들, '이번 주의 단어' 목록, 그림 카드 등을 전시하기에 좋은 공간입니다. 만약 아이가 자주 보는 물건을 부엌에 놓아둔다면, 아이는 더 자주 보게 되고 그 내용을 훨씬 잘 기억할 수 있게 된답니다.

전시 방법은 복잡하지 않습니다. 간단하게 빨랫줄에 걸기만 해도 되지요. 단, 진짜 빨랫줄이나 다른 튼튼한 끈을 벽에 단단히 고정해야 합니다. 그림을 많이 걸면 꽤 무거울 수 있기 때문이지요. 그리고 빨래집게를 이용해서 작품을 줄에 매답니다. 빨래집게는 장식이 들어간 예쁜 것을 구입해도 되고, 일반적인 나무 빨래집게에 아이가 사인펜으로 그림을 그려서 장식해도 됩니다. 공간이 부족하면 아이가 볼 수 있도록 자석을 이용해 냉장고에 붙여도 좋답니다.

어떻게 전시하느냐에 따라 작품은 많이 다르게 보일 수 있습니다. 특별한 작품의 경우 유색 판지나 두꺼운 도화지에 붙이면 작품 가장자리에 테두리를 한 것처럼 보이지요. 작품을 판지에 붙일 때, 물풀로 붙이면 종이가 쭈글쭈글해질 수 있으므로 스틱형 풀을 이용하는 편이 좋습니다. 아주 특별한 작품은 테두리를 이중으로 하는 것도 좋지요. 아이에게 자신의 작품을 직접 붙이고 전시하게 해보세요. 이 과정을 주도하는 동안 아이는 자신감이 생긴답니다.

작품을 스크랩북 같은 책에 붙이는 전시 방법도 있습니다. 종이 여러 장을 겹쳐놓고 가운데를 스테이플러로 찍거나 꿰매고, 그 선을 따라 반으로 접어서 나만의 전시 책을 만들 수도 있지요. 표지를 장식하고 리본이나 끈을 달아도 되고요.

아이에게 지금 배우고 있는 분야와 관련된 물건을 전시해보라고 합니다. 예를 들어 개구리를 공부하고 있다면, 녹색 천이나 스카프를 깔고 개구리를 주제로 한 물건을 올려놓게 하세요. 개구리 모양이거나 개구리 그림이 들어간 깜찍한 인형이나 플라스틱 장난감, 책, 사진, 직접 만든 작품 등을 전시하는 것이지요. 그리고 각각의 물건마다 예쁜 글씨체로 제목을 써서 붙이라고 권해보세요. 이와 같은 활동은 읽고 쓰기를 권장하는 환경을 조성하는 데 도움이 된답니다.

● 자연과 연관된 말짓기 놀이

바다와 관련된 것들을 줄줄 읊어가는 말짓기 놀이를 즐길 수도 있습니다. 게임을 창조해보세요. '내 보물 상자에서 나는 ○○○을 찾았어요'로 시작해서 '인어의 노래'나 '해적의 냄새 나는 양말'처럼 시적이고 별난 것은 물론, 보석이 잔뜩 박힌 단검이나 남태평양의 진주도 가능합니다. 그저 기억하기 위한 게임이 아니라 상상력을 펼치는 게임이므로, 일상에서 계속할 수 있습니다.

단어의 첫 글자나 끝 글자를 맞춰서 재미있는 시와 노래를 만들어보세요. 앞글자(두운)를 맞출 경우, 아이에게는 그냥 똑같은 소리로 시작하거나 끝나며 떠오르는 것들을 말해보라고 합니다. 예를 들어 '가오리' 다음에 '가로세로', '가르마', '가마', '가위' 등이 있지요. 또는 '불가사리'나 '가오리' 같은 예를 들어주며 〈리 리 리 자로 끝나는 말은〉의 음률에 맞춰 '리'로 끝나는 단어를 찾아보라고 합니다. '개구리', '독수리', '잠자리', '다리', '소리', '유리' 등 볼 수 있는 것 또는 상상할 수 있는 것은 무엇이든 그냥 똑같은 소리로 끝나는 것들을 말하라고 권해보세요.

17 관찰하고 분류하는 능력을 높이는 연못 탐험 놀이

연못 탐험은 나이와 상관없이 모든 아이가 재미있어하는 활동입니다. 단, 어른 없이는 절대 물가 가까이로 가면 안 된다고 철저하게 주의를 줘야 합니다. 어른의 감독과 지도가 따른다면 연못 탐험은 안전하고 재미있는 활동이 될 수 있지요.

휴대용 도감을 찾아보는 것은 자연 공부를 할 때 유용한 과학적인 기술입니다. 연못 안과 연못 주변에서 발견되는 동식물에 대해 심도 있게 이야기를 나누면 아이는 여러 동식물이 서로 다른 서식지에서 산다는 아주 중요한 개념을 알게 됩니다. 생물의 일생을 알아보면서 아이는 한층 더 많은 관심을 가지게 될 것입니다.

탐험을 마치고 연못에서 본 것을 주제로 스크랩북이나 전시물을 만들면 이 활동에서 얻은 지식을 머릿속에 더욱 깊이 새길 수 있답니다.

♥ 이렇게 이끌어주세요 ♥

활동 전 연못 생태에 관한 휴대용 도감 찾아보기

만들기 작은 그물, 하얀 플라스틱 접시, 투명

Coaching Plan

- 민물 생태계를 어떻게 가르쳐야 할지 잘 모를 때
- 활동: 연못 탐험
- 코칭 분야: 자연탐구지능

한 플라스틱 용기, 돋보기, 고무장화, 카메라

주제 15분 아이에게 연못으로 탐험하러 가자고 말하세요. 아이에게 연못에 어떤 동식물이 있는지 물어봅니다. 휴대용 도감을 함께 보며 연못에서 볼 수 있는 동식물을 알아보세요.

활동 60분 고무장화를 신고 연못에 갑니다. 일부 공원은 연못 안쪽까지 들어갈 수 있도록 작은 다리를 만들어놓은 곳도 있습니다. 또 연못에 사는 동식물의 사진이 들어간 해설판을 설치한 곳도 있지요. 아이에게 안전의 중요성을 주의시키고, 보호자 없이 혼자서는 오면 절대 안 된다고 말합니다.

수초 사이에서 그리고 연못가에서 그물을 물에 넣었다가 올립니다. 그물에 걸린 것들을 플라스틱 접시에 조심스레 옮기고 이름을 확인해보세요. 나중에 볼 수 있도록 사진을 찍어둡니다. 특히 흥미로운 생물체가 있다면 돋보기를 대고 자세히 관찰합니다.

연못 안이나 주변에 보이는 식물도 살펴보고 이야기를 나눠보세요. '연못가에서 자라는 식물과 연못에서 멀리 떨어진 곳에서 자라는 식물은 다르니?'

연못가에서 포유동물과 새의 흔적을 찾아보세요. '먹이나 진흙에 발자국 같은 것이 남아 있니?' 물 위로 날아다니는 곤충도 특별히 신경 써서 살펴봅니다. 잠자리와 실잠자리 같

은 곤충은 생애의 일정 기간을 물에서 지낸답니다.

평가 (10분) 그물로 건져 올린 생물체를 다시 연못으로 돌려보냅니다. 집에 돌아오면 아이가 어떤 동식물을 기억하고 있는지 물어보세요. 아이가 그 동식물을 도감에서 다시 찾아본 뒤 개개의 습성과 일생을 인터넷으로 검색해 더 많은 정보를 찾을 수 있나요? 연못에서 찍은 사진은 제목을 붙여서 전시하거나, 바탕지에 붙여서 연못 탐험 스크랩북을 만들어봅니다.

{ PLUS TIP } 파란색 또는 녹색 판지를 길게 자른 다음, 실린더에 감아 입체 연못 모형을 만들어봅니다. 연못 탐험에서 보았던 생물도 공작용 점토로 만들어 연못 모형에 넣습니다.

18 관찰력을 발달시키는 관찰 일지 쓰기

이 활동은 자연과 자연의 변화에 대해 관심을 갖게 합니다. 아이는 이 활동을 통해 가을이 되면 나뭇잎의 색깔이 왜 바뀌는지를 알게 되지요. 이유는 나뭇잎이 떨어지기 전에 나무가 나뭇잎의 엽록소를 흡수하기 때문입니다.

나무 사진을 찍으면서 아이는 미술 표현 기술을 배웁니다. 나뭇잎의 색을 그대로 나타내기 위해 여러 색의 물감을 섞는 것도 마찬가지입니다. 나뭇잎 관찰 일지는 훌륭한 기념품이 될 수 있답니다. 뿐만 아니라 조사 결과와 조사에서 발견한 물건을 기록하면서 과학 기술 가운데 정말 중요한 기록 기술도 발달하게 되지요.

♥ 이렇게 이끌어주세요 ♥

활동 전 책이나 인터넷으로 계절의 변화에 대한 자료 찾아보기

만들기 만들기 기본 세트, 공책 또는 스크랩북, 수채 물감, 붓, 팔레트, 카메라

Coaching Plan

● 계절의 흐름을 어떻게 가르쳐야 할지 잘 모를 때

● 활동: 나뭇잎 관찰 일지

● 코칭 분야: 탐구지능

주제 (10분) 나뭇잎이 노란색, 주황색, 빨간색으로 바뀌는 과정에 대해 이야기합니다. 그 이유를 이해하기 쉽게 설명할 수 있는지 아이에게 물어보고, 함께 더 많이 알아보자고 하세요.

활동 (45분) 아이에게 가을이 되면 나뭇잎의 색이 바뀌는 이유를 책이나 인터넷에서 더 자세히 알아보라고 합니다. 간단히 설명하자면, 가을이 되어 낮의 길이가 짧아지고 햇볕이 약해지면서 나무는 나뭇잎의 '양분 공장'을 멈추고 햇빛을 받아 양분을 만드는 엽록소(녹색)를 재흡수하기 때문에 나뭇잎의 색이 변하는 것이지요. 나뭇잎에는 늘 노란색, 주황색, 빨간색이 존재했지만, 따뜻한 계절에는 엽록소의 녹색에 가려서 보이지 않을 뿐입니다.

가을이 되어 나무가 나뭇잎의 엽록소를 재흡수하면, 나뭇잎은 낙엽으로 떨어지고 나무는 봄에 자랄 새 나뭇잎을 준비합니다.

가을이 되면 아이와 함께 야외로 나가서 관찰할 나무를 정해보세요. 그러고는 아이에게 며칠 동안 매일매일 그 나무의 사진을 찍어 색의 변화를 살펴보고, 수채 물감의 색을 잘 섞어 모아온 나뭇잎처럼 색을 표현해보라고 하세요. 사진, 수집해온 나뭇잎, 수채 물감으로 그린 나뭇잎 그림, 또 아이가 쓰고 싶어 하는 말을 적어서 스크랩북에 적거나 관찰 일지 표지에도 넣습니다.

 아이에게 시간이 흐르면 나무에 어떤 변
화가 생기는지 설명해보라고 합니다. 나뭇잎의 색
이 얼마나 빨리 바뀌는지 그리고 나뭇잎이 모두
떨어지기까지 얼마나 걸리는지 아이는 예상할 수
있나요?

{ PLUS TIP }   나뭇잎 책갈피를 만들어봅니다. 나뭇잎이 떨어질 무렵 다양한 종류를 모아와 잘
말린 다음, 예쁜 색깔의 판지에 올려놓고 그 위에 투명한 접착 시트지를 붙이세요.

19 탐구하고 조사하는 힘을 기르는 어항 만들기

아이와 함께 어항을 보면서 어항은 무엇으로 만들어지는지 이야기해줍니다. 그러면 아이는 특수한 물건을 만들려면 왜 특정한 재료를 써야 하는지 이유를 생각하게 될 겁니다.

만들기에 앞서 물고기를 볼 수 있는 수족관이나 매장을 방문해주세요. 그리고 아이와 어항을 보면서 '어항은 어항 속에 있는 물고기나 바다 생물을 밖에서 관찰할 수 있도록 안이 잘 보여야 해. 그래서 투명한 유리로 만드는 거야. 이처럼 어떤 특정한 물건에는 그렇게 만들기 위한 이유가 있단다' 등 어항은 무엇으로 만드는지 이야기해주세요. 아이는 엄마의 설명을 들으며 자연스레 특정한 물건을 만들 때는 왜 특정한 재료를 써야 하는지 스스로 그 이유를 생각하게 됩니다. 또한 이와 같은 재료와 그 성질에 대한 사고는 훗날 학교에서 과학 시간에 배울 '물질'과도 연관이 되며, 미술 시간에 만들기를 할 때에도 도움이 됩니다.

어항과 어항 속에 넣을 바다 생물의 모형을 아이가 직접 만들도록 해보세요. 이

Coaching Plan

● 과학 지식을 어떻게 가르쳐야 할지 잘 모를 때

● 활동: 어항 만들기

● 코칭 분야: 탐구지능, 논리지능, 공간지능

때 인터넷이나 책에서 모형 만들기에 필요한 정보를 조사해보는 것도 좋은 방법입니다. 이러한 조사는 나이와 상관없이 매우 유용한 기술이 되어줍니다.

어항과 바다 생물을 실제로 만들기 위해서는 아이가 자기 손으로 그림을 그리고 또 오려서 붙여야 합니다. 모두 아이의 미술 재능 발달에 도움이 되는 과정들이지요. 완성 후에는 아이와 함께 처음부터 끝까지 무엇을 했는지 돌아보는 시간을 가져보세요. 하나하나 말하는 사이에 아이의 발표 기술도 함께 향상된답니다.

♥ 이렇게 이끌어주세요 ♥

활동 전 물고기를 파는 매장 또는 수족관 방문하기, 책이나 인터넷으로 어항 관리 방법 찾아보기

만들기 구두 상자보다 약간 큰 종이 상자, 판지 또는 두꺼운 도화지 조각, 사탕 또는 초콜릿의 은박 포장지, 어두운 색의 실, 투명한 녹색 셀로판지 또는 주름지, 일회용 비닐, 파란색·녹색 물감, 붓, 반짝이 가루, 갈색 고무찰흙 또는 찰흙, 콩(녹두 또는 완두콩 등), 글루건

주제 ⬤20분 아이와 함께 책이나 인터넷을 보면서 어항을 찾아봅니다. 그런 다음 진짜 어항을 관찰하기 위해 물고기가 있는 수족관이나 매장 등으로 갑니다. 그리고 아이에게 어항의 재료(안을 들여다볼 수 있게 만든)와 그 재료를 사용하는 이유, 어항 만드는 법 등을 설명해주고 아이와 이야기를 나눠보세요. 어항 속 물고기나 다른 수중 생물을 가까이에서 보며 다리, 꼬리, 비늘, 지느러미 등의 특징을 이야기해주면 더욱 좋습니다.

 집으로 돌아와 아이에게 상자 모서리 네 군데의 기둥과 뒷면, 바닥만 남기고 정면과 양쪽 옆면을 오리게 하세요. 그러면 어항의 틀이 준비됩니다. 어항 틀은 부모님이 맡아서 안팎으로 물감을 칠해주세요. 부모님이 어항 틀을 색칠하는 동안 아이는 물고기나 새우, 말미잘 등 바다 생물의 그림을 그리고 오려둡니다(바다 생물 그림은 책이나 인터넷을 참고해 아이가 직접 만들게 해주세요). 어항 틀에 칠한 물감이 다 마르면 셀로판지를 앞면과 옆면에 붙입니다. 상자 안쪽에서 테이프로 붙여 고정해주세요. 이제 뚜껑을 떼어내면 어항 모형이 완성됩니다.

어항의 안쪽 바닥에 글루건을 사용해 모래가 깔려 있는 것처럼 콩을 깔아 바닷속 느낌을 살려줍니다. 판지를 길고 가늘게 잘라서 어항 윗면에 가로로 걸쳐놓고 테이프로 붙여 고정합니다. 여기에 오려둔 새우, 말미잘, 물고기 등의 바다 생물을 매달아 보세요.

준비해둔 실 양쪽 끝에 테이프를 붙인 다음, 한쪽은 바다 생물에, 다른 한쪽은 어항 윗면에 고정해둔 판지에 붙여주세요. 마치 바다 생물이 어항에서 헤엄치는 듯한 분위기를 연출해줍니다. 녹색 셀로판지나 주름지로 해초를 만들어 어항 뒷면에 붙이고 갈색 고무찰흙(또는 찰흙)으로 바위를 만들어 안에 넣으면, 드디어 어항이 완성!

평가 **10분** 아이에게 어항을 어떻게 만들었는지 직접 설명해보라고 권합니다. 아이가 어항 만들기를 하기 전에 했던 자료 조사에서 알게 된 내용, 즉 자신이 만든 생물의 습성이나 먹이 등을 사람들 앞에서 잘 발표했는지 봐주세요.

{ PLUS TIP } 씨몽키를 키워보세요. 씨몽키는 바다새우의 일종으로, 애완용으로 상점은 물론 인터넷으로도 쉽게 구할 수 있습니다. 아이는 씨몽키를 키우면서 바다에 사는 작은 생물을 공부하게 됩니다. 또 '씨몽키 일기'를 쓴다면 씨몽키의 성장을 꾸준히 관찰하고 기록하는 습관을 들이게 되지요.

20 탐구지능과 수학지능을 높이는 불가사리 배지 만들기

아쿠아리움에 갈 때는 아이와 함께 다리, 더듬이, 색깔 등 바다 생물의 모습에 대해 꼭 이야기를 나눠보세요. 또 '터치 풀'을 만들어놓은 아쿠아리움도 많습니다. 터치 풀에서는 게나 말미잘처럼 살아 있는 바다 생물을 아이들이 손으로 직접 만져볼 수도 있지요. 아이는 배지를 만들면서 색칠하기, 콜라주 같은 여러 미술 기법을 경험합니다. 또 배지 모양을 오리는 과정에서 소근육을 발달시키지요. 풀과 테이프를 사용할 때는 아이에게 물건을 결합시키는 방법을 이야기해줄 수 있답니다. 배지 만들기 단계를 설명해주면 아이는 사건을 상기하는 능력이 발달하고 일을 순서대로 나열하는 방법을 배웁니다. 수학적 능력을 발달시키는 데 도움이 되는 기술이지요.

♥ 이렇게 이끌어주세요 ♥

활동 전 불가사리 자료 찾아보기
만들기 만들기 기본 세트, 말린 불가사리

Coaching Plan

● 생물의 습성을 어떻게 가르쳐야 할지 잘 모를 때

● 활동: 배지 만들기

● 코칭 분야: 탐구지능, 논리지능

또는 불가사리 모형, 판지 조각 또는 두꺼운 도화지, 새 모이 또는 거친 귀리,
주황색 물감과 녹색 물감, 붓, 반짝이 가루, 안전핀

주제 15분 불가사리를 보았던 때를 이야기합니다. 불가사리는 무엇처럼 보였
나요? 아쿠아리움에서 봤던 기억을 되살리거나 인터넷 또는 책에 있는 사진을
살펴보세요. 그리고 불가사리에 대한 자료를 찾아봅니다. 불가사리는 다리가
잘려도 다시 생겨나고, 위에서 입이 나와 조갯살을 잡아먹는 등 몇 가지 놀라
운 특징이 있답니다. 불가사리의 질감도 이야기해보세요. 말린 불가사리나 불
가사리 모형이 있다면 아이에게 만져서 촉감을 느껴보라고 해보세요. 다리 다
섯 개와 거친 겉면 등 불가사리의 생김새에 대해서도 이야기합니다.

활동 40분 판지에 불가사리 모양을 그리고 오려내 배지를 만듭니다. 배지 뒷
면에는 테이프로 안전핀을 붙이세요. 아이에게 배지 앞면에 풀칠을 하고 귀리

(또는 새 모이)를 뿌리라고 합니다. 풀이 마르면 배지 전체에 주황색 물감을 칠하고, 녹색 물감으로 점을 찍습니다.

색이 다 마르면 군데군데 풀칠하고 반짝이 가루를 뿌립니다. 풀이 마르면 이번에는 물풀을 두껍게 칠해서 배지 앞면을 코팅하세요. 풀이 마르면 불가사리가 산뜻하면서도 촉촉해 보인답니다. 반짝반짝 윤이 나게 코팅하면 배지 장식이 오래가지요.

평가 10분 아이에게 배지를 만드는 법과 배지 만들 때 가장 힘들었던 부분을 설명해달라고 하세요. 다른 가족은 아이의 설명을 열심히 들어줍니다.

{ PLUS TIP } 배지를 만들 때와 같은 방식으로 바다 생물을 그리고 오려서 팔찌를 만들어봅니다. 은박지로 물고기와 불가사리를 만들고, 번갈아 가면서 팔찌에 붙이면 더욱 멋질 거예요. 아이의 손목을 감쌀 수 있는 길이로 두꺼운 도화지를 길게 잘라 양끝을 붙이고, 그 위를 만든 바다 생물로 장식합니다.

21 과학 두뇌를 키우는 숲 속 산책하기 활동

아이와 함께 휴대용 도감을 보면서 아이 스스로 도감을 찾아보는 습관을 길러주세요. 아직 글을 배우지 않은 어린 나이일지라도 부모와 함께 자주 도감을 살펴보면 나중에는 아이 혼자서도 스스로 도감을 활용하게 된답니다.

산이나 숲을 거닐며 쌍안경과 돋보기로 자연을 관찰하다 보면 자연의 진가를 알아보는 능력이 발달하게 됩니다. 식물과 곤충을 가까이에서 자세히 들여다보면서 생물 공부를 예습할 수도 있습니다. 게다가 이 공부는 재미도 있지요!

아이가 갖고 있는 숲 속 동물 인형을 위한 잠자리를 만들어보는 것도 유익할 수 있습니다. 아이는 동물이 살아가고 생명을 유지하는 데 필요한 것들(먹이, 물, 서식지)에 대해 이야기할 기회를 얻습니다. 다시 한 번 말하지만 과학과 관련된 지능 활동은 훗날 아이가 학교에서 배우게 될 것들이랍니다.

♥ 이렇게 이끌어주세요 ♥

활동 전 나무와 산, 숲의 생활에 대한 책 찾아보기

만들기 쌍안경, 돋보기, 숲 속에 사는 동물

Coaching Plan

● 산림의 생태를 어떻게 가르쳐야 할지 잘 모를 때

● 활동: 나무숲 산책

● 코칭 분야: 탐구지능

모양의 인형 또는 손가락 인형, 종이봉투, 크레용 또는 크레파스, 종이, 종이 상
자

주제 15분 아이와 함께 산이나 숲에서 볼 수 있는 동식물에 대한 책을 보면서
이야기를 나눕니다. 아이가 자기 생각을 말할 수 있도록 대화를 이끌어주세요.
이야기를 나누다 보면 분명히 깜짝 놀랄 아이디어가 나온답니다.

활동 60분 걷기 쉬운 숲이나 야트막한 산으로 갑니다. 어린아이는 길이 난 곳
이 걷기 수월합니다.

쌍안경, 돋보기, 종이, 크레용이나 크레파스를 가지고 가세요. 아이에게 숨
을 크게 들이마셔 숲의 향기를 맡아보라고 합니다. 그리고 눈앞에 보이는 색깔
과 질감을 함께 이야기해봅니다. 아이에게 나뭇잎을 만져보라고 한 다
음, 가느다란 잎맥을 통해 식물 주변의 물과 영양분이 이
동한다는 사실을 알려줍니다.

아이에게 돋보기로 관찰하고, 보이는 것을 묘사
해보라고 하세요. 또 쌍안경으로 하늘이 보이지 않
을 만큼 우거진 나무와 새를 관찰하게 합니다.

종류가 다른 여러 나무의 껍질에 종이
를 대고 색칠하게 해보세요. 크레용
이나 크레파스를 문지를 때 종이를 잘
잡아주어야 합니다.

아이가 갖고 있는 귀여운 동물 인형에 대해서도 이
야기를 해보세요. '그 동물은 무엇을 먹을까?', '어디에서
잘까?' 예를 들어 갉아 먹다 남긴 나무 열매, 깨물어 부

순 솔방울, 털 뭉치, 발자국, 배설물 등으로 그 동물의 흔적을 찾을 수 있었나요? 나뭇잎과 잔가지를 모아서 종이 봉투에 담아 집으로 가져오세요.

평가 10분 집으로 돌아온 뒤에는 오늘 본 것을 이야기해 봅니다. 나무껍질을 대고 색칠한 종이를 보면서 나무껍질의 느낌이 어땠는지 물어보세요. 또 집으로 가져온 나뭇잎과 잔가지로 아이와 함께 동물 인형의 보금자리를 만들어보세요.

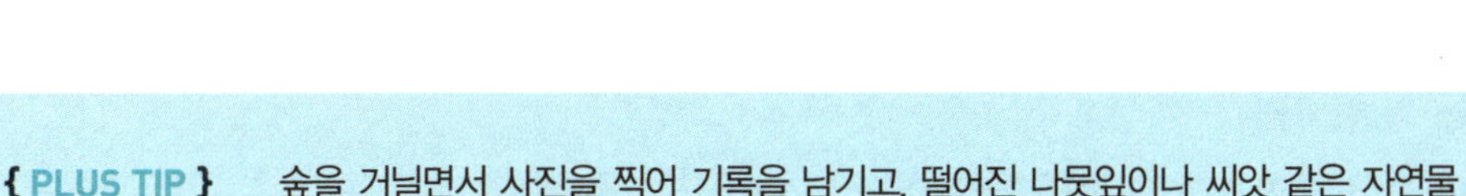
{ **PLUS TIP** }　숲을 거닐면서 사진을 찍어 기록을 남기고, 떨어진 나뭇잎이나 씨앗 같은 자연물을 한두 개 담아와 판지나 두꺼운 도화지에 테이프로 붙여서 벽에 전시합니다.

22 조사하고 표현하는 능력을 발달시키는 공룡 인형 만들기

아이들은 모두 공룡을 좋아합니다. 이런 자연스러운 열정을 지금 소개하는 재미있는 활동으로 연결시켜주세요. 이 활동은 아이와 함께 공룡 자료를 찾는 데서 시작합니다. 책과 인터넷에서 공룡에 대한 자료를 수집하고, 만약 기회가 된다면 공룡이 전시된 박물관이나 공룡 발자국을 볼 수 있는 유적지를 직접 방문해보세요. 아이는 더욱 큰 흥미를 느낄 것이며 활동할 때 직접 본 공룡을 떠올리며 더욱 열심히 할 수 있게 된답니다.

이번 활동은 손가락 공룡 인형 만들기입니다. 먼저 아이가 공룡에 대해 얼마나 알고 있는지 알아봅니다. 그리고 아이가 더 많은 내용을 알고 싶어 한다면 책을 찾아보고 공룡을 따라 그려보라고 하세요. 이 과정은 아이의 자료 조사 기술을 발달시키는 데 매우 유용한 방법이랍니다. 또 공룡의 크기를 비교하면서 중요한 수학 기술 중 하나인 어림하기를 익힙니다.

손가락 인형을 디자인하고 스케치하려면 생각하는 과정이 선행되며, 아이는 생각하기를 통해 디자인 능력을 키울 수 있습니다. 그리고 만들기 재료에 대해 이야기를 나누면서 미술, 과학, 기술과 관련된 어휘를 습득하게 되지요. 아울러 공룡 모양을 오리면서 소근육을 발달시키는 운동도 하게 됩니다.

Coaching Plan

- 호기심을 탐구 학습으로 키우는 방법을 잘 모를 때
- 활동: 공룡 인형 만들기
- 코칭 분야: 탐구지능

활동 전 공룡에 대한 책 찾아보기

만들기 만들기 기본 세트, 판지 또는 두꺼운 도화지, 작은 동전, 다양한 질감의 콜라주 재료(인형 장식용)

주제 10분 아이에게 혼자서도 공룡 손가락 인형을 만들 수 있다고 말해주세요. 하지만 그 전에 아이가 공룡에 대해 얼마나 알고 있는지 확인합니다. '스테고사우루스나 티라노사우루스에 대해 말해줄 수 있니? 그 공룡은 무슨 색깔이었을 것 같니? 무엇을 먹었을 것 같니?'

이제 아이와 함께 책을 잘 살펴보세요. 아이가 관련 공룡을 찾아내면 아이에게 그 내용을 읽어주세요. 그리고 조사한 공룡에 대한 '정보 파일'을 만듭니다.

활동 20분 아이에게 자신이 고른 공룡의 밑그림을 크게 그려보라고 합니다. 목은 얼마나 긴지, 키는 얼마나 큰지 이야기해보세요. 공룡의 크기를 아이가 알고 있는 사물의 크기와 비교해서 설명합니다. 예를 들어 브라키오사우루스의 키를 그냥 15미터쯤이라고 말하지 말고, '어른 여덟 명의 키를 합한 것보다 크다'라고 말해주세요.

아이의 그림을 함께 보면서, 그 그림을 어떻게 활용해야 공룡 인형을 디자인하고 만들 수 있을지 대화합니다. 공룡 그림의 다리 부분은 빼고 만들어야 한다고 미리 설명합니

다. 다리를 만들지 않아야 아이의 손가락이 다리 역할을 하기 때문이지요.

이제는 인형을 만들 재료를 이야기해봅니다. 어떤 재료를 쓸까? 부드러운 것을 골라야 할까, 아니면 딱딱한 것을 골라야 할까? 뻣뻣한 것을 골라야 할까, 아니면 잘 늘어나기도 하는 것을 골라야 할까? 이 기회에 아이는 만들기와 관련된 어휘를 습득하게 되며, 이때 배운 용어들은 훗날 학교에서도 쓰게 된답니다.

아이가 그린 공룡 밑그림을 판지에 옮겨 그리게 합니다. 이때 '다리 구멍'을 잘 그려야 한다고 말해주세요. 아이의 손가락을 끼울 공룡 다리 구멍의 위치를 잘 맞춘 다음, 동전을 놓고 따라 그리라고 합니다. 공룡을 꾸밀 때는 가위질을 도와주게 될지도 모릅니다.

평가 10분 손가락 공룡 인형 만들기는 잘되었나요? 다음번에는 무언가 다르게 만들 것 같은가요? 아이가 마음에 들어하는 부분은 어디인가요? 이제 아이에게 공룡 인형으로 인형 놀이를 해보라고 해보세요. 아이가 인형을 더 만들거나 배경까지 만들고 싶어 할 수도 있으므로 먼저 물어보세요.

> **{ PLUS TIP }** 아이에게 다른 인형도 만들어보고, 인형을 공연할 수 있는 배경막도 만들어보라고 권합니다. 또 종이찰흙으로 공룡이 돌아다닐 수 있는 야외 풍경을 만들어도 좋지요. 나아가 달걀 포장 용기로 화산을 만들고, 은박지로 호수를 만들 수도 있답니다.

23 지능을 쑥쑥 키우는 공룡 모빌 만들기

이번 활동에서 관련 자료를 조사할 때는 인터넷을 검색하거나 책을 찾아보세요. 이 같은 조사 과정을 통해 아이는 정보를 찾아내는 방법을 익힙니다. 또 모든 분야의 학습에도 필요한 기술이지요. 공룡에 대해 그리고 공룡은 어떻게 생겼을지 이야기를 나누면 아이의 말하기·듣기 능력이 향상되고, 과학 지식뿐만 아니라 집중력도 높아집니다.

공룡을 그리고, 색칠하고, 오리는 과정은 아이의 미술적인 기술을 향상시키며, 가위나 붓처럼 다양한 도구를 사용하고 연습하는 기회도 된답니다.

♥ 이렇게 이끌어주세요 ♥

활동 전 책이나 인터넷으로 공룡 자료 찾아보기

만들기 만들기 기본 세트, 판지 또는 두꺼운 도화지 여러 장, 녹색 주름지, 물감 또는 사인펜, 실

Coaching Plan

● 과학 지식을 미술 활동으로 어떻게 연결해야 할지 잘 모를 때

● 활동: 공룡 모빌 만들기

● 코칭 분야: 언어지능

 아이와 함께 책이나 인터넷을 보면서 아이에게 좋아하는 공룡 네 종류를 고르게 합니다. 만약 공룡 전시관이나 공룡 서식지를 다녀왔다면 그때 보았던 공룡도 골라보라고 합니다. 그런 다음 아이가 고른 공룡에 대해 이야기해보세요. 목이 긴가요? 꼬리가 있나요? 등에 돌기가 있나요? 목 주변에 갈기 같은 장식이 있나요? 뿔이 있나요? 종류를 서로 비교했을 때 각각의 공룡 크기가 어땠나요?

 아이에게 공룡을 판지에 그리고 색칠하게 해주세요. 색칠한 공룡을 오리고, 공룡 뒷면에 길이가 다른 실을 테이프로 붙입니다.

다른 판지 한 장을 꺼내 공룡을 매달려면 어느 정도 크기여야 하는지 가늠하게 한 다음, 둥글게 자르도록 하세요. 이 원형 판지에 녹색 주름지를 씌우거나 녹색 물감을 칠해서 정글 느낌을 살려봅니다. 이제는 공룡을 정글로 바꾼 판지에 매답니다. 그리고 주름지를 끈처럼 길고 가늘게 잘라 손가락 두 개로 부드럽게 당긴 후 판지에 테이프로 붙여주세요. 마치 양치식물의 잎처럼 보이는 효과가 난답니다. 마지막으로 실 한 가닥을 모빌 판지 윗부분에 붙이고 천장에 매달아주세요.

평가 (10분) 아이와 공룡 모빌 만들기 활동에 대한 이야기를 나눕니다. 모빌을 만들 때 특히 어려워하는 부분이 있었나요? 또 모빌을 만든다면 바꿀 것이 있을까요? 만든 공룡 모빌을 '보여주면서 설명하기'를 연습해도 좋답니다. 아이가 공룡을 조사하는 과정에서 이번에 새로 알게 된 특별한 내용이 있었나요?

{ PLUS TIP } 아이가 좋아하는 공룡 자료를 모아 공룡 모양의 책자를 만들어봅니다. 표지는 공룡 모양으로 오려낸 판지를 붙이고, 그 위에 조금씩 더 작은 공룡 모양을 겹겹이 붙여 도톰하게 입체감을 살려주세요.

24 논리력과 추리력을 발달시키는 공룡 알 만들기

아이는 이번 지능 활동을 통해 체계적으로 생각해서 시험하고 입증하는 과정을 배우게 됩니다. 엄마는 아이와 함께 과학자와 고생물학자 들이 공룡은 난생동물이었다는 개념을 어떻게 체계적으로 생각하고 시험하여 입증했는지 이야기해줍니다.

과학자들은 공룡과 친척이고 지금도 생존해 있는 파충류와 도마뱀은 물론 조류까지 관찰했습니다. 모두 알을 낳는 난생동물이었지요. 과학자들은 알로 추정되는 화석을 비롯해 부화 중인 알의 화석도 발견했습니다. 이 화석은 공룡이 알을 낳았다는 증거가 되었답니다.

공룡 알 만들기는 재미있는 미술 활동입니다. 알껍데기 '만드는 법'을 비롯한 만들기 활동을 하면서 아이는 설명서대로 하나하나 해나가는 것을 배우게 됩니다.

♥ 이렇게 이끌어주세요 ♥

활동 전 공룡에 대한 책 찾아보기
만들기 밀가루 1컵, 원두커피 가루 1컵, 소금 $\frac{1}{2}$컵, 놀이용 모래 $\frac{1}{4}$컵, 물 1컵, 작은 플라스

Coaching Plan

● 난생동물의 특성을 어떻게 가르쳐야 할지 잘 모를 때

● 활동: 공룡 알 부화시키기

● 코칭 분야: 논리지능

틱 공룡 인형 여러 개, 큰 그릇, 나무 숟가락

주제 (10분) 공룡에 대한 책을 자세히 보면서 공룡이 알을 낳았다는 내용을 찾아봅니다. 아이에게 둥지에서 알을 막 깨고 나온 아기 공룡의 그림을 찾게 하세요. 어른 공룡과 아기 공룡의 크기를 비교해서 이야기해줍니다.

활동 (40분) 아이에게 큰 그릇에 밀가루, 원두커피 가루, 소금, 모래와 물을 모두 붓고 잘 섞어서 탄력성 있는 '점토'를 만들라고 합니다.

아이는 '점토'로 반으로 갈라진 알껍데기 두 개를 만들고, 그 안에 공룡을 넣습니다. 이때 반으로 갈라진 알껍데기 두 개를 합하면 온전한 알 모양이 만

3장 놀이처럼 즐기고 더 똑똑하게 만드는 지능코칭

들어져야 한답니다. 반죽을 다 쓸 때까지 계속 공룡 알을 만듭니다. 공룡 알은 3~4일 동안 건조시켜주세요. 이렇게 만든 알은 표면이 꺼끌꺼끌해서 꼭 ‘진짜’ 같지요. 만약 아이가 좋아한다면 갈색 종이를 구겨서 공룡 알의 둥지를 만들 수도 있답니다.

평가 🔵10분 아이가 한 이번 활동에 대해 함께 이야기를 나눠보세요. 3~4일이 지나면 아이는 알을 깨트려서 공룡을 부화시킬 수 있답니다! 만약 더 어린 형제자매가 있다면 아이는 이 이야기를 재미있는 연극으로 각색해서 보여주고 싶어 할 수도 있습니다. 둥지를 발견하고, 알이 부화하고, 부화한 아기 공룡의 엄마 아빠 공룡이 돌아오는 이야기를요!

{ **PLUS TIP** } 공작용 점토로 아기 공룡을 만들어 알껍데기 안에 넣어보세요. 만약 공룡 전시관이나 공룡 유적지에 다녀왔다면, 그곳에서 봤던 공룡과 공룡 알의 모습이 어땠는지 물어봅니다. 또 아이에게 그때 보았던 공룡 알 가운데 어떤 공룡을 떠올리며 만들었는지도 물어보세요.

25 탐구하는 힘을 높여주는 종이 구름 날리기

이번 지능 활동은 바람이 부는 날에 하는 것이 좋습니다. 바람의 영향을 바로 알 수 있다면 훨씬 쉽게 이해할 수 있기 때문이지요. 아이에게 바람을 관찰해보라고 합니다. 아이는 그 과정에서 사진을 찍고 싶어 할 수도 있습니다. 그리고 아이가 알아차리지 못한 내용을 바로 알려줄 수 있도록 엄마도 미리 공부를 해두는 준비가 필요하답니다.

집으로 돌아와 바람개비와 비눗방울로 바람을 공부합니다. 이때 바람에는 물건을 움직이게 하는 힘이 있다는 점을 강조해주세요. 이것은 과학과 지리에서 중요한 개념입니다. '종이 구름 날리기' 놀이로 이 개념을 재미있고 확실하게 인식시켜주세요. 아이에게 조건이 바뀌면(예를 들어 종이를 더 빠르게 펄럭이면) 결과가 바뀔 수 있다는 개념을 어떻게 생각하는지 물어보고 이야기를 나눕니다. 아이에게 '…면 어떨까?'라고 묻는 것은 과학적인 조사와 예측하는 사고를 경험하게 해준답니다.

♥ **이렇게 이끌어주세요** ♥

만들기 만들기 기본 세트, 바람개비, 비눗방울액과 기구, 신문지 2장

Coaching Plan

● 대기의 순환에 대해 어떻게 가르쳐야 할지 잘 모를 때

● 활동: 바람의 힘 공부하기

● 코칭 분야: 논리지능, 탐구지능

 15분 바람 부는 날 아이와 함께 집 밖으로 나가보세요. 지금 그곳에서 무슨 일이 벌어지고 있는지 이야기를 합니다. 아이는 바람의 영향을 눈으로 볼 수 있나요? 나무가 흔들리나요? 아이가 걸을 때 바람에 '밀리는 것'을 느낄 수 있을 만큼 바람이 센가요? 산들바람에 아이의 머리카락이 흩날리나요? 하늘의 구름이 빨리 움직이나요? 엄마는 주변을 관찰하며 눈에 보이는 바람의 영향은 무엇이든 아이에게 알려주세요.

활동 **30분** 아이에게 공기의 힘과 그 힘의 영향으로 어떤 일이 생기는지 이야기해줍니다. 아이와 함께 비눗방울 놀이를 합니다. 이때 비눗방울은 '네가 비눗방울액에 대고 숨을 내쉬어서(공기가 움직여서) 만든 거란다'라고 알려주세요. 아이와 함께 바람개비에 숨을 불어 넣으며, 날숨 또는 공기에 바람개비가 움직이는 원리를 이야기해주세요.

움직이는 공기의 힘을 입증하는 게임을 만들어보세요. 종이를 구름 모양으로 두 개 오려서, 한 장은 엄마가 다른 한 장은 아이가 갖습니다. 종이 구름을 바닥에 놓고 아이와 엄마는 종이 구름을 멀리 날려 보내는 시합을 합니다. 바닥에 놓은 종이 구름을 아이와 함께 신문지를 펄럭여 밀어 보내세요. 아이에게 '신문지를 펄럭였던 게 구름을 빨리 날리는 네 효과가 있었니?'라고 물어봅니다.

평가 (10분) 움직이는 공기는 힘이 세고 물건을 움직일 수 있다는 개념을 일러 주세요. 바람을 관찰한 내용과 신문을 펄럭여서 만든 바람이 구름에 미친 영향을 복습합니다.

{ PLUS TIP } 아이와 함께 바람의 힘으로 작동하는 풍차와 풍력발전을 조사합니다. 풍차와 풍력발전의 원리는 무엇이고, 각각 어떠한 용도로 사용되는지 알아봅니다. 우리나라에 있는 풍력발전소는 어디인지, 또 풍차의 나라 네덜란드에는 왜 그렇게 많은 풍차가 있었는지 책과 인터넷으로 찾아보세요. 여름휴가 일정에 풍력발전소를 끼워 넣어 실제로 보는 것도 좋은 방법입니다.

지능 자극하는 엄마의 기술 ❹

언제나 집 안에서 책 읽는 분위기를 조성하고, 아이가 책을 편안히 받아들이도록 돕는 것은 매우 중요합니다. 부모와 함께 책을 읽는 것도 중요하거니와 부모가 독서하는 모습을 보여주는 것도 중요하지요. 하지만 아이와 함께 직접 책을 만들어보는 방법도 있답니다.

아이와 함께 책을 만들 때는 처음에는 간단하게 시작하고, 점차 아이의 발달 단계에 맞춰 진행하는 것이 좋습니다. 엄마는 아이와 함께 책을 만들면서 언어 기술, 자료 조사 기술, 수학, 미술, 과학 기술을 사용하게 됩니다. 그 결과 독특하고 개성 있는 세상에 단 한 권인 책을 완성, 가족 기념품으로 전시하거나 다른 사람에게 선물로 만들어 줄 수도 있답니다.

 ## 스크랩북 만들기

스크랩북 만들기는 아이들이 즐겁고 재미있게 할 수 있는 창의적인 활동입니다. 아이가 직접 만든 스크랩북은 아이의 생각과 이야기나 그림, 감정 표현이 담기기 때문에 나무숲 산책이나 바닷가 체험처럼 특별한 행사를 기록해둔 특별한 공간이 되지요. 시중에서 파는 스크랩북이라도 아이가 적절한 그림과 물건을 찾아 표지에 콜라주 하면 특별한 책으로 바뀐답니다.

● 나무숲 스크랩북

작은 잔가지, 나뭇잎, 콩깍지 등 숲 속을 산책하며 발견한 것들을 활용해 장식합니다. 첫 페이지에는 제목을 쓰면 좋을 것입니다. 두 번째 페이지는 판지나 두꺼운 도화지를 사용해 책 날개(접지)를 만들어 뒤에 그림이나 장식품을 테이프로 붙입니다. 이 날개 부분은 책을 읽는 사람이 답을 들춰보는 '창'이 되지요. 어린아이라면 그냥 '나뭇잎'만 붙여도 되고, 좀 더 큰 아이라면 숲 속의 풍경을 묘사하는 글을 넣을 수 있답니다.

● 바닷가 스크랩북

이 스크랩북에는 작은 조개, 해변에 피는 꽃을 눌러서 말린 압화, 반짝이는 모래, 마른 해초 등을 넣으면 좋답니다.

접시에 깨끗한 물을 담고 해초를 펼쳐 넣으세요. 물에 담긴 해초 밑으로 두꺼운 도화지나 크라프트지를 넣습니다. 그리고 조심스럽게 종이를 들어 올려 해초를 직사광선이 들지 않는 그늘에서 말려주세요. 며칠이 지나면 해초가 마르고 냄새도 사라집니다. 해초의 가장자리를 따라 종이를 오리고, 해초의 이름과 수집한 날짜 등을 갈색 잉크로 쓰면 식물 표본처럼 보이는 효과가 난답니다.

스크랩북 표지에 해변에서 주운 다른 보물과 함께 해초를 붙이세요. 고기잡이 그물처럼 보이도록 작은 채소 망을 붙이고, 글루건으로 예쁜 조약돌이나 유리구슬을 여기저기에 붙여서 '반짝이는 바다' 효과를 내줍니다.

플랩북(날개 책) 만들기

플랩북은 쉽고도 재미있게 만들 수 있습니다. 여기에는 '비밀 지도, 보물 주머니, 보관용 작은 봉투' 등등 보는 사람을 깜짝 놀라게 할 만한 내용물을 담아도 되지요. 봉투는 그냥 정사각형 종이로 간단하게 만들 수 있습니다. 종이에 정사각형의 중심을 가로지르는 대각선을 그립니다. 그리고 종이의 세 귀퉁이를 중심 쪽으로 접고, 한가운데에 테이프나 스티커를 붙입니다. 남은 한 귀퉁이를 그대로 열어두면 '날개'가 되지요.

플랩북은 어린아이들이 좋아한답니다. 이 나이 대에는 단순하게 반복되는 개념이 적용된 것을 좋아하지요. '돌 밑에는 무엇이 있을까요?(아이가 그린 곤충 그림 시리즈)', '바위 사이의 웅덩이에는 무엇이 있을까요?(게, 작은 물고기 그림 시리즈)'와 같은 주제로 플랩북을 만들어보세요.

모양이 있는 이야기책 만들기

이야기 듣기를 좋아하고 '공상' 놀이를 좋아하는 아이를 둔 엄마는 신인 작가를 키우는 것과 같습니다. 글쓰기 교본에 이런 말이 있습니다. 좋은 책을 쓰려면 먼저 책을 많이, 아주 많이 읽어야 한다고요. 아이에게 먼저 자기 이야기를 해보라고 한 다음, 아이의 이야기를 모양 있는 이야기책에 담아주세요.

이야기는 아이가 열중하는 대상이라면 무엇이든 가능하답니다. 그것은 해적, 우주여행, 요정, 유령(또는 미라) 등이 될 수 있지요.

아이에게 이야기의 줄거리를 간단히 짜보라고 합니다. 엄마가 생각하는 결말을 강요하지 말고, 아이가 스스로 이야기를 구성해나가는 과정에서 기쁨을 느끼게 해주세요. 그렇지만 이야기를 쓰기 전에 다음과 같은 내용을 먼저 생각하도록 해주세요.

- 어떤 이야기일까? 그저 대강의 이야기만 담은 몇 줄짜리 개요면 된단다.
- 이야기는 대부분 어떻게 전개될까?
- 주인공은 누구일까? 실제로 주변에 비슷한 사람이 있니? 그 사람은 어떻게 보고, 말하고, 걷고, 입었니?
- 이야기에서 해결해야 할 문제가 있니? 주인공은 극복해야 할 도전이 있니?
- 첫 문장은 재미있어야 한단다. 그래야 독자들이 계속 읽고 싶어지거든.
- 결말은 강렬해야 돼. 도전에 맞서 문제를 해결해야 하지. 단순히 '그리고 그들은 자러 갔다'라고 끝내지 않도록 하렴.

다 쓰고 나면 아이에게 그 이야기를 끝까지 읽어주세요. 아이가 말하고 싶어 했던 내용이 잘 담겨 있나요? 아이가 할 수 있는 좀 더 흥미로운 묘사가 있었나요?

이야기가 완성되면 아이에게 내용에 걸맞은 책 모양을 결정하라고 해주세요. 유령이 나올 법한 낡은 집 이야기라면 그런 집 모양의 책을 만들어봅니다.

맨 처음에 만드는 표지는 판지나 두꺼운 도화지로 만드는 것이 좋습니다. 창에서 작은 휴지 귀신이 불쑥 나오게 만들 수도 있지요. 고래 이야기라면 고래 모양의 책을 만들어보세요.

완성한 표지를 속지 위에 올려놓고, 속지에 표지의 모양을 따라 선을 그린 다음 오려냅니다. 그리고 표지와 속지를 같이 쌓아놓고, 펀치로 구멍을 뚫고 실을 꿰거나, 책 등 부분을 스테이플러로 찍어서 묶어줍니다. 스테이플러를 사용할 때는 표지의 철심 위에 테이프를 붙여서 철심에 손이 긁히지 않도록 해주세요.

26 관찰하고 기록하는 힘을 키우는 벌레 집 찾기

어른들은 벌레를 보며 혐오감을 느끼는 사람이 많지만 아이들은 싫어하기는커녕 오히려 호기심을 느낍니다. 그래서 아이에게 벌레 채집은 굉장한 모험이지요. 이번 활동은 일종의 사파리라고 생각해주세요. 비록 사파리보다 규모는 작지만 무엇을 찾게 될지 누가 알 수 있을까요? 공원이나 놀이터, 정원을 돌아다니면서 벽이 갈라진 틈새나 돌멩이 밑 등, 벌레가 숨어 있을 만한 장소를 살펴보며 벌레를 찾고 채집하는 일은 해볼 만한 가치가 충분하답니다.

아이는 이 활동을 통해서 자기가 이해할 수 있는 쉬운 말로 자연과 생물학을 공부하기 시작하지요. '플랩북' 만들기는 아이의 창의성을 길러주는 동시에, 벌레를 그리고 오리는 과정에서 소근육을 사용, 소근육 발달 운동까지 겸한답니다.

♥ 이렇게 이끌어주세요 ♥

활동 전 곤충도감 찾아보기
만들기 만들기 기본 세트, 아이스크림 통 등의 하얀색 플라스틱 통, 벌레 채집 상자 또는 투명 플라스틱 용기, 돋보기, 붓

Coaching Plan

- 자연계의 생태를 어떻게 가르쳐야 할지 잘 모를 때
- 활동: 곤충 플랩북 만들기
- 코칭 분야: 탐구지능, 논리지능

주제 15분 아이와 함께 '곤충 도감'을 잘 살펴봅니다. 주변에서 쉽게 볼 수 있는 곤충에 대한 설명이 자세히 나온 책으로 준비해주세요. 그리고 집 근처나 공원에서 볼 수 있는 벌레에 대한 이야기를 나눕니다.

아이에게 벌레 채집을 가자고 권합니다. 그리고 어디를 살펴봐야 할지 의견을 물어보세요. 아이의 대답으로 아이가 벌레에 대해 얼마나 아는지 파악할 수 있습니다. 항상 아이의 현재 수준에 맞춰 활동하는 것이 중요합니다. 이제 아이에게 탐험할 정원이나 공원을 그려보라고 하세요. 어디에서 벌레를 찾을 것 같은지 예상되는 곳의 모습도 그려보게 합니다.

활동 30분 야외로 나가서 아이가 벌레가 있을 것 같다고 말한 곳, 돌멩이 밑이나 나뭇잎 위 등을 살펴봅니다. 그리고 곤충이 그곳에 사는 이유를 이야기해보세요. 예를 들어 애벌레와 딱정벌레는 상추나 다른 식용작물에서 살고, 무당벌레는 진딧물이 많이 있는 식물에서 삽니다.

축축한 낙엽 더미나 흙속에 사는 벌레도 있습니다. 이번 기회에 대부분 벌레가 살아가는 조건(어둡고, 습기 있고, 포식자가 없는 곳)에 대해 이야기해줍니다. 붓털이나 핀셋으로 조심스럽게 벌레를 집어 들고 돋보기로 자세히 살피면서 관찰해보세요. 무엇이 보이나요? 아이에게 벌레의 더듬이와 다리, 눈을 가리켜보세요.

평가 20분 아이의 학습을 강화하기 위해, 야외로 나가기 전에 그렸던 그림과 실제 모습을 비교해보라고 합니다. 놀랄 정도로 너무 정확한가

요? 또는 실제와 다른 점이 있었나요?

이 지능 활동을 주제 삼아 플랩북을 만들어보면서 아이의 학습을 강화합니다. 아이가 발견했던 벌레를 종이에 그리라고 하세요. 그다음 낙엽, 돌멩이, 흙 등 벌레를 발견한 장소를 그린 다음 오리게 하세요. 마지막으로 발견한 벌레 위에 장소 그림을 붙이면 됩니다. 그러면 벌레가 사는 장소를 알 수 있게 되지요.

27 수학하는 힘을 키우는 계절 모빌 만들기

이번 지능 활동은 아이가 자연의 세계에서 일어나는 계절의 변화를 깊이 있게 생각하도록 도와줍니다. 또한 일부 어린아이들이 어려워하는 계절 순서도 확실하게 익힐 수 있지요. 모빌을 만들면서 정밀하게 그림을 그리고 연필을 바르게 잡는 연습을 하게 됩니다.

계절을 바른 순서대로 나열하면서 아이는 순서를 배웁니다. 이 나이 또래의 아이들은 이러한 기초 수학 기술을 많이 연습하고 발전시켜야 합니다. 이 기술이야말로 바로 숫자 세기 학습의 토대가 되기 때문이지요.

모빌 만들기는 이 연령대의 아이들이 창조적인 만들기 실습을 직접 해볼 수 있는 좋은 시간이지요. 판지나 두꺼운 도화지 양끝을 테이프로 붙여서 원통형을 만드는 것처럼 간단한 연결 기술을 익힐 수 있습니다.

♥ 이렇게 이끌어주세요 ♥

만들기 만들기 기본 세트, 약 60센티미터 길이의 직사각형 두꺼운 도화지 또는 판지, 주름지, 끈 또는 털실, 물감, 붓

Coaching Plan

● 계절처럼 서로 연결되어 있는 관계를 어떻게 가르쳐야 할지 잘 모를 때

● 활동: 계절에 어울리는 모빌 만들기

● 코칭 분야: 논리지능, 탐구지능

주제 `15분` 아이와 계절에 대한 이야기를 나누며 계절별로 떠오르는 것은 무엇인지 물어보세요. 아이는 무엇 때문에 그런 생각을 하게 되었나요? 설날, 봄 소풍, 여름휴가, 추석, 크리스마스 등과 같은 각 계절의 행사를 말해주며 아이의 기억을 되살려 줍니다.

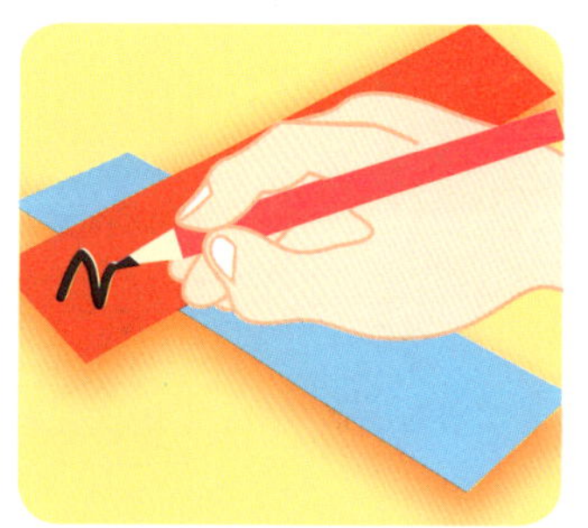

활동 `45분` 아이에게 판지를 길게 자르고, 봄·여름·가을·겨울 순서로 계절의 그림을 그려보게 합니다. 바닷가에서 놀았던 일, 민들레 홀씨를 불었던 일, 크리스마스트리를 꾸미고 케이크를 먹었던 일, 고구마를 캤던 일 등 가족끼리 즐겁게 했던 일을 말해주면 아이도 쉽게 기억해낼 수 있을 것입니다. 판지 양쪽 끝을 테이프로 붙여서 둥그렇게 만듭니다. 아랫부분 안쪽에 가늘고 길게 자른 주름지를 붙여서 달랑거리게 해주세요. 그리고 판지 위쪽에 끈(또는 털실)을 붙여서 '손잡이'를 만들고 모빌처럼 매답니다.

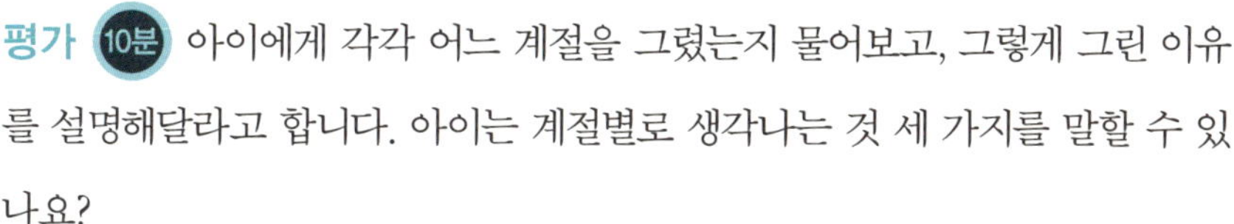

평가 `10분` 아이에게 각각 어느 계절을 그렸는지 물어보고, 그렇게 그린 이유를 설명해달라고 합니다. 아이는 계절별로 생각나는 것 세 가지를 말할 수 있나요?

{ **PLUS TIP** } 계절별로 콘서티나북(아코디언 북. 종이를 부채처럼 주름접기하여 지그재그 모양으로 만든 다음, 리본을 감아서 묶어 고정하는 책)을 만들어보게 해, 이번에 익힌 순서 개념을 키워주세요.

28 언어지능, 논리지능을 깨우는 이야기 상자 만들기

아이의 읽기와 쓰기를 발달시키는 스토리텔링 활동입니다. 이 활동을 하려면 먼저 아이가 동화를 많이 접해봐야 합니다. 부모와 함께 책을 보는 것도 좋고, 극장에 가서 동화를 주제로 한 영화나 공연을 보는 것도 좋습니다. 이 경험은 이야기가 어떻게 진행되는지 아이의 이해력을 성장시키는 데에도 매우 중요합니다. 이야기 속에는 도입, 전개, 결말 그리고 갈등이 있기 때문이지요.

이야기 상자를 만드는 활동은 아이의 상상력을 자극하며, 창의성과 미술 능력을 발달시킵니다. 상자를 칠하고 장식하는 동작은 아이의 소근육 발달을 도와줍니다. 상자 안에 넣을 물건에 대해 이야기하다 보면 아이는 동화에 나오는 물건과 인물에 대해 많은 지식을 쌓게 되고, 옛사람들의 생활에 대해 이야기하며 역사 감각도 키우게 됩니다. 아이는 이야기 속 등장인물들을 묘사하며 갖가지 형용사를 포함한 어휘력을 구축하게 되고, 이는 아이의 언어 발달을 돕습니다.

Coaching Plan

● 스토리텔링 교육을 어떻게 해야 할지 잘 모를 때

● 활동: 이야기 상자 만들기

● 코칭 분야: 언어지능

만들기 만들기 기본 세트, 신발 상자처럼 뚜껑이 있는 종이 상자, 갈색 물감, 검은색 종이, 은색 젤펜, 노란색 판지 또는 두꺼운 도화지(혹은 하얀 종이에 노란 색을 칠해서 사용하세요), 주제에 맞춰 상자 속에 넣을 물건들(장난감 칼, 용 인형, 왕관, 목걸이, 반지, 마술 지팡이, 마법사 등)

주제 **20분** 상자를 갈색으로 칠합니다. 다 마르면 검은색 종이를 길게 잘라 상 자에 붙여서 마치 가죽 끈을 감은 것처럼 보이게 해주세요. 은색 젤펜으로 여 기저기에 은색 '리벳'을 그립니다. 노란색 판지로 버클을 만들어서 검은색 종 이 띠 끝에 풀로 붙입니다. 아이에게 상자 속에 어떤 물건을 넣을 것인지 물어 보고, 공주나 기사, 왕, 용이 사는 성에 대한 이야기를 해보라고 하세요. 아이의 장난감 상자에서 이야기와 관련된 물건들을 찾아봅니다. 없다면 종이로 왕관 과 목걸이, 장난감 칼을 만들어주세요.

활동 **10분** 아이에게 이야기 상자에서 한 번에 하나씩 물건을 꺼내 오라고 합

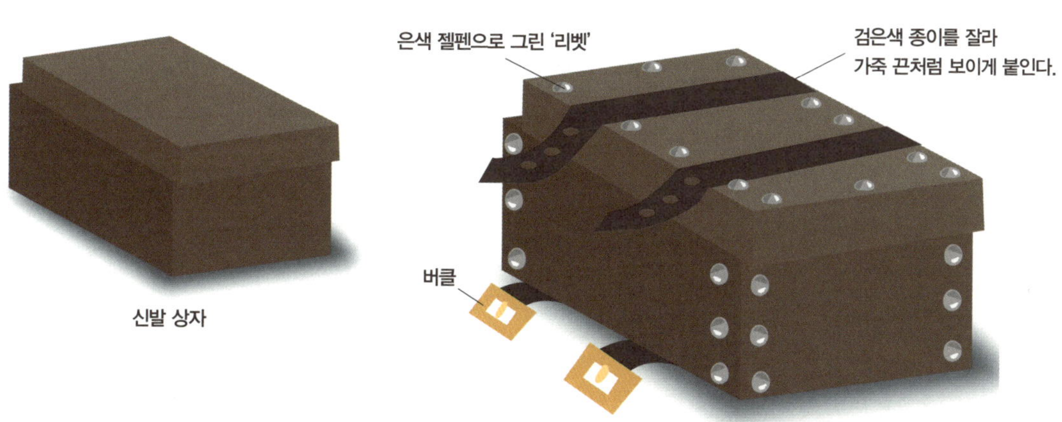

니다. 물건 하나하나를 가지고 성에서 사는 사람들의 생활이 어떨지 이야기를
만들라고 해보세요. 용은 겁이 많을까요, 아니면 사나울까요? 또 불을 뿜는 용
일까요, 아니면 주위를 얼어붙게 하는 용일까요? 공주는 강하고 용감할까요,
아니면 못되고 심술궂을까요? 기사는 용을 죽일 정도로 힘이 셀까요, 아니면
겁쟁이일까요? 아이에게 그냥 '용'이라고만 하지 말고, '비늘이 있는 사나운 용'
등 용을 자세하게 꾸며주는 단어를 덧붙여 써보라고 권합니다.

평가 ⑩분 아이가 만든 이야기를 가족과 친구들 앞에서 발표하라고 권해보
세요. 어떤 부분이 제일 재미있었느냐고 물어보세요. 그리고 이야기를 기억하
기 위해 책을 만듭니다. 아이는 책에 그림을 그려 넣고, 엄마는 '서기' 역을 맡아
아이의 이야기를 대신 적어도 되지요. 또 이야기를 하는 아이의 사진을 찍어 책
안쪽에 작가 사진처럼 넣어도 재미있습니다.

{ **PLUS TIP** }   아이가 참여하는 가족 간의 스토리텔링 활동을 해보세요. 가족이 모두 돌아가면
서 앞사람의 이야기를 받아 이어나가는 것이지요. 특히 할머니, 할아버지와 함께 하기에 좋은 활동
이랍니다.

29 논리적으로 사고하게 하는 발굴 놀이

이번은 어린아이들에게 매혹적인 고대 이집트의 세계를 소개하는 흥미진진한 활동으로 이루어졌습니다. 고대 이집트는 학교에서 역사 시간에도 배우지요.

이 활동은 역사를 배우는 것 외에도 흥미로운 사막의 모습을 만들어보는 과정이 있으므로 아이는 미술 솜씨를 발휘해야 합니다. 아이에게 사막에서는 모래언덕과 식물이 어떻게 보일지 생각해보라고 하세요. 그리고 도서관에 있는 사진집에서 그리고 인터넷에서 이집트에 관련된 사진을 찾아봅니다. 더불어 아이에게 지구본 또는 세계지도를 주고 이집트를 찾아보게 하여 지리 지식을 쌓게 해주세요.

♥ 이렇게 이끌어주세요 ♥

활동 전 고대 이집트에 대한 자료 찾아보기
만들기 만들기 기본 세트, 놀이용 모래

주제 15분 아이에게 고대와 고대 사람들이라는 주제를 소개합니다. 피라미드와 미라, 사막의 경치에 대해 아이가 이해하기 쉽

Coaching Plan

● 세계사를 어떻게 가르쳐야 할지 잘 모를 때

● 활동: 발굴 놀이

● 코칭 분야: 논리지능, 공간지능

게 이야기해주세요. 그리고 팸플릿이나 잡지, 영화, 책, 인터넷, 애니메이션에서 고대 이집트인의 모습을 찾고, 당시 사람들의 생활이 요즘과 얼마나 다른지 이야기해줍니다.

활동 40분 아이에게 모래 그림에 사용하고 싶은 사진이나 그림을 고르게 한 다음 오리게 하세요. 아이에게 종이에 풀을 칠하고 그 위에 전체적으로 모래를 뿌리라고 하세요. 종이를 흔들어서 풀에 붙지 않은 모래를 털어내고, 모래에 사진을 붙여 이집트의 풍경을 만듭니다. 그 위에 남아 있는 모래를 또 뿌리면 방금 발견된 것처럼 보이는 효과를 낼 수 있지요.

평가 10분 아이에게 자신의 만들기에 대해 이야기해보라고 하세요. 아이는 어떤 그림을 선택했고, 선택한 이유는 무엇이었나요? 아이는 고대 이집트 사람들의 생활에 대해 무엇을 말할 수 있나요?

이집트 유물을 관람할 수 있는 박물관이 어디 있는지 찾아보고, 그곳으로 직접 가보려면 어떻게 해야 하는지 견학 계획을 세워봅니다.

{ **PLUS TIP** }　　모래상자나 놀이터 한쪽 구석에 장난감을 숨기고 아이에게 찾아보라고 합니다. 마치 고고학자가 된 것처럼 행동하도록 해주세요. 박물관에 전시된 고대 이집트의 유물을 연상시키는 장신구로 이 활동을 확장할 수도 있답니다. 인터넷 등에서 파피루스를 구입하거나 스카라베(고대 이집트에서 신성시했던 풍뎅이 모양의 장신구) 모형 또는 미라 모형을 만들어 현대의 물건들과 함께 모래 속에 파묻고, 아이에게 어떤 것이 고대 이집트의 유물인지 맞혀보라고 하세요.

30 문화를 이해하는 힘을 키우는 미라책 만들기

책과 인터넷에서 체계적으로 역사 자료를 조사하는 능력을 높여주는 활동입니다. 아이는 이 활동을 통해 사람이 죽으면 어떻게 되는지와 같은 믿음이 세월이 흐르면서 바뀌고 장소에 따라 다르다는 것을 배우게 되지요.

아이가 직접 책의 페이지와 표지를 디자인하고 장식해야 하므로, 이 책을 만들려면 창의성이 필요합니다. 미라를 만드는 방법을 이야기하면서 체계적인 발표와 '보여주면서 설명하기' 능력을 키우도록 해주세요. 아이들은 이것만 잘해도 자신감이 생긴답니다.

♥ 이렇게 이끌어주세요 ♥

활동 전 고대 이집트와 미라에 대한 자료 찾아보기

만들기 만들기 기본 세트, 판지 또는 두꺼운 도화지 3장, 휴지나 아주 얇은 종이, 금박 또는 은박 사탕 포장지, 스팽글, 스테이플러

주제 (15분) 책과 인터넷으로 미라를 찾아보

Coaching Plan

- 문화적 상대성을 어떻게 가르쳐야 할지 잘 모를 때
- 활동: 미라책 만들기
- 코칭 분야: 공간지능, 언어지능

고, 미라를 만드는 방법과 만든 이유를 조사합니다. 고대 이집트인은 사람이 죽으면 어떻게 된다고 믿었는지, 죽은 사람을 매장할 때 보물을 비롯해 다른 물건들을 함께 묻은 이유는 무엇인지 등을 아이가 이해하기 쉽게 이야기해주세요. 더불어 이집트의 파라오였던 투탕카멘의 무덤에서 나온 물건처럼 특별한 발굴품을 살펴보도록 합니다.

활동 45분 미농지 또는 복사기를 이용하여 미라 견본 그림을 필요한 크기로 확대해서 새 견본을 만듭니다. 아이에게 새 견본을 판지 세 장에 옮겨 그리게 하고 각각 오리라고 하세요.

맨 아래 판지에는 고대 이집트인을 그리고, 가운데 판지는

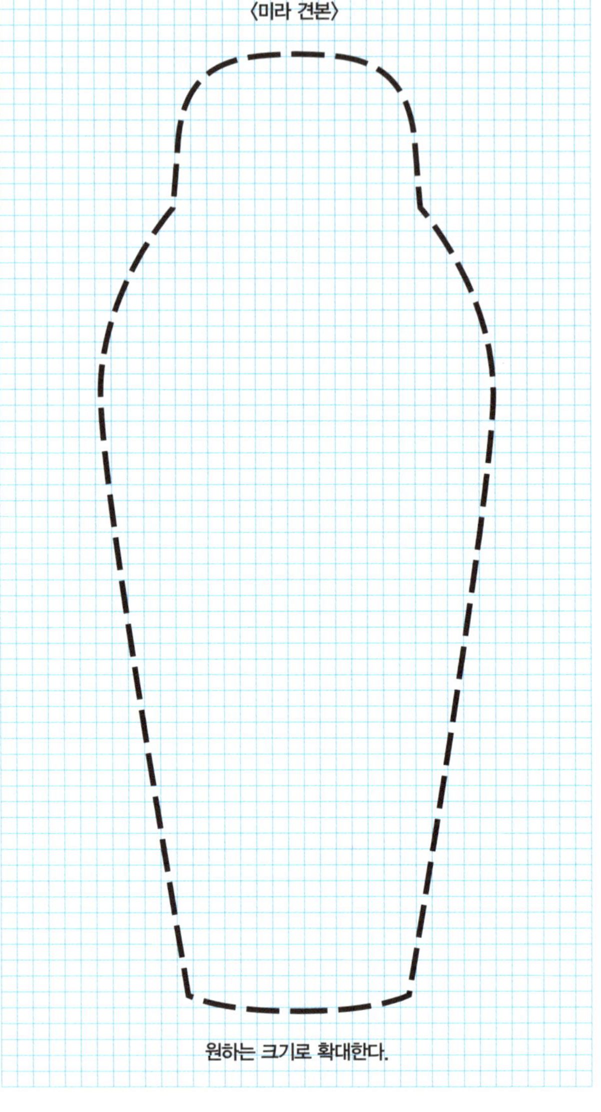

휴지에 풀칠을 해 둘둘 감아 미라를 만들게 합니다. 휴지가 마르면 펜으로 '붕대선'을 그려 넣어 좀 더 실감 나게 보이도록 합니다. 맨 위에 놓는 판지는 사탕 포장지와 스팽글로 장식해서 화려한 석관처럼 보이게 해주세요.

평가 (10분) 아이는 미라를 만드는 방법, 만든 이유를 자신이 직접 만든 미라책을 이용해 다른 사람들에게 말할 수 있었나요?

{ PLUS TIP }　　고양이 미라책을 만들어봅니다. 고대 이집트에서는 고양이를 신성하게 여겼고, 그래서 파라오와 함께 미라로 만들어 피라미드에 넣기도 했지요. 아이가 고양이의 관점에서 쓴 이야기를 책 내용으로 넣으면 좋답니다.

31 똑똑하게 생각하고 언어지능을 높이는 황금 가면 만들기

파라오의 황금 가면 만들기는 꽤 복잡하지만, 그만큼 다양한 기술을 향상시킬 수 있는 기회이기도 합니다. 이번 지능 활동을 위해서는 무엇보다 자료 조사가 앞서야 합니다. 이 기술은 학교에서 이루어지는 모든 학습 과정에서 꼭 필요하며, 전반적인 일상생활에서도 필요하지요.

아이는 자신의 얼굴을 보고 가면의 얼굴 모양을 뜨면서 관찰력이 좋아집니다. 종이 찰흙으로 가면을 덮으면서 공예 기법을 익히고 가면을 장식하면서 콜라주와 색칠하기 같은 또 다른 미술 기법을 경험하게 됩니다. 그리고 자신이 직접 만든 황금 가면을 다른 사람들에게 소개하면서 자신감도 생기거니와, 사람들 앞에서 자신 있게 말하는 연습도 되어주지요.

♥ 이렇게 이끌어주세요 ♥

활동 전 고대 이집트에 대한 자료 찾아보기

만들기 만들기 기본 세트, 두꺼운 도화지 또는 포장 상자에서 오린 두꺼운 판지, 금색과 메탈릭블루 계열의 물감(또는 금색과 메탈릭블루 색종이), 신문지, 고무찰흙 큰 덩어리 또

Coaching Plan

- 유물 · 유적에 대한 관심을 어떻게 환기시켜야 할지 잘 모를 때
- 활동: 파라오의 황금 가면 만들기
- 코칭 분야: 언어지능

는 그와 비슷한 공작용 점토, 거울, 검은색 마커 펜

주제 15분 책과 인터넷에서 고대 이집트의 황금 가면(데드마스크)을 찾아봅니다. 고대 이집트인들은 황금 가면을 만들어 죽은 사람과 함께 무덤에 매장했지요. 황금 가면의 주

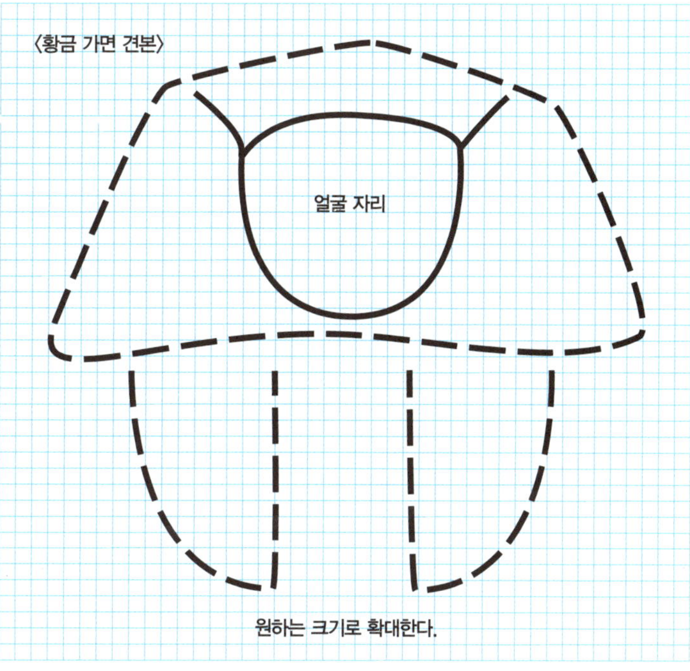

인들과 용도에 대해 아이와 이야기를 합니다. 특히 아름답기로 소문난 파라오 투탕카멘의 황금 가면을 살펴보세요. 만약 가능하다면 박물관 특별전 등을 통해 이집트 파라오의 황금 가면을 직접 보는 것도 좋은 경험이랍니다.

활동 45분 견본 그림을 더 크게 옮겨 그리거나 복사기로 확대 복사합니다. 확대한 새 견본 그림을 판지에 옮겨 그리고 오려내세요.

아이에게 거울로 자기 얼굴을 보면서 고무찰흙으로 얼굴 모양을 만들어보라고 합니다. 얼굴 모양을 본뜬 고무찰흙을 판지에 대서 누르고, 얼굴과 판지 위에 가늘고 길게 자른 신문지를 풀칠하여 네 겹 바릅니다. 신문지가 마르면 아이에게 금색을 칠한 다음 메탈릭블루 물감으로 꾸미라고 하세요. 혹은 금색과 메탈릭블루 색종이를 번갈아 가며 붙이세요. 검은색 마커 펜으로 눈과 콧구멍 같은 세부 묘사를 합니다.

평 가 (10분) 아이에게 황금 가면 만드는 법을 설명해보라고 합니다. 아이는 직접 만든 가면을 사용해서 고대 이집트에서 미라의 황금 가면을 만든 이유와 방법을 소개할 수 있나요?

{ **PLUS TIP** }　카노포스의 단지(고대 이집트에서 미라를 만들 때, 미라 주인의 내장을 방부 처리해 따로 보관해둔 단지), 파피루스 그림 복사판(종이 찰흙으로 만듦)과 카드, 콜라주 장신구 등의 '이집트 유물' 컬렉션을 만들어서 나만의 '고대 이집트 박물관'에 황금 가면과 함께 전시해보세요. 또 책이나 인터넷으로 찾은 고대 이집트에 관한 사진들을 모은 다음, 파피루스 종이나 예스러운 노란빛이 도는 종이를 사용해 '고대 이집트 도록'도 만들어보세요.

32 정서지능을 발달시키는 음식 표정 놀이

'가라사대 게임'은 모든 학습 분야에 절대적으로 필요한 듣기 기술을 발달시켜줍니다. 온몸을 써서 이 놀이를 하다 보면 어느새 아이는 자신감이 쌓이며, 또 사람들 앞에서 무언가를 발표할 때도 자신의 몸을 자연스럽게 움직이게 됩니다. 뿐만 아니라 살아가는 데 아주 중요한 기술인 사람의 감정을 이해하게 됩니다.

음식 놀이는 식품 공학 세계에서 펼쳐지는 모험입니다. 먼저 아이는 손을 씻으며 위생을 생각해야 하지요. 크래커 위에 치즈나 땅콩버터를 바르고, 다양한 얼굴 생김새를 표현하기 위해 자기가 고른 식품의 질감과 모양을 알아봐야 합니다.

얼굴에 나타난 감정 묘사하기 활동은 아이의 언어 기술을 발달시켜주므로 아이는 분명하게 말하기를 배우게 됩니다.

Coaching Plan

● 솔직한 감정 표현을 어떻게 가르쳐야 할지 모를 때

● 활동: 기분 표현해보기

● 코칭 분야: 감정지능, 정서지능

만들기 동그란 크래커, 거울, 땅콩버터 또는 크림치즈, 얇게 채 썬 채소와 큼직하게 썬 채소, 포도, 방울토마토, 건포도 등

주제 (15분) '가라사대 게임'을 합니다. 그러나 행동 대신 기분을 지시해주세요. 엄마가 '○○○ 가라사대, 행복한 얼굴을 짓는다!'라고 말하면 아이는 행복한 표정을 지어야 합니다(○○○에는 원하는 사람의 이름을 넣도록 합니다). 아이가 온몸을 써서 표현하게 해주세요. '○○○ 가라사대, 화를 내면서 온 집 안을 돌아다닌다!'처럼 말이지요.

활동 (20분) 이제는 '기분을 표현한 음식'을 만들어볼 시간입니다. 아이에게 동그란 크래커에 땅콩버터나 크림치즈를 바르게 합니다. 그런 다음 손질해놓은 채소와 과일을 이용해서 크래커에 표정을 만들도록 하세요. 아이는 크래커의 표정을 보고 어떤 감정인지 말할 수 있나요?

평가 (10분) 아이와 함께 사람들이 지금 어떤 기분인지 알 수 있는 방법을 이야기해봅니다. 아이는 자신의 기분에 영향을 주는 감정이 얼마나 다양한지 설명할 수 있나요?

33   소통하고 이해력을 높이는 직업 수첩 만들기

어린아이는 부모가 온종일 무엇을 하는지 잘 모릅니다. 아이에게 알고 있는지 한번 물어보세요. 아마도 대답을 들으면 깜짝 놀랄 것입니다. 부모가 아이와 떨어져 직장에서 있을 때 하는 일을 이야기해준다면, 아이는 부모의 일을 보다 구체적으로 알게 됩니다. 그리고 부모와 떨어져 있을 때에도 훨씬 커다란 안정감을 느끼게 되지요.

직업의 세계는 아이가 이해하기 어려우므로 한꺼번에 많이 알려주기보다는 조금씩 알려주세요. 아이와 함께 부모의 하루에 대해, 또 아이의 어린이집(유치원) 생활에 대해 대화를 나눠보세요. 직업을 설명하는 노트를 만드는 동안 아이는 사실과 생각을 읽기 수월하게 정리하는 조사 습관을 기르게 됩니다. 이 단계에서 아이가 할 수 있는 일은 아주 단순하므로, 아이에게 그 과정을 처음 경험시킨다는 데 의의를 두어야 한답니다.

♥ 이렇게 이끌어주세요 ♥

활동 전 직업에 대한 자료 찾기

만들기 만들기 기본 세트, 잡지와 신문, 안내 책자, 종이

Coaching Plan

● 다양한 직업군을 어떻게 알려줘야 할지 잘 모를 때

● 활동: 직업의 세계 알아보기

● 코칭 분야: 정서지능

 아이와 함께 부모의 직업 그리고 아이가 아는 다른 사람들의 직업에 대해 이야기합니다. 아이가 생각해낼 수 있는 직업은 무엇인가요? 아이와 함께 목록을 적어보세요. 어쩌면 아이는 목록에 있는 직업을 그림으로 그리고 싶어 할 수도 있습니다.

 아이에게 각각의 직업은 무슨 일을 하는지 생각해보라고 합니다. 아이와 함께 책과 잡지, 인터넷을 보면서 직업에 대한 많은 정보를 찾아보세요. 아이가 관심을 보이는 직업을 고르고, 그 직업에 대한 노트를 만듭니다. 아이에게 인터넷에서 파일에 넣을 클립아트와 사진을 찾아 프린트하고 설명도 써 넣으라고 합니다. 잡지에서 그림이나 사진을 오려 넣거나 정보책으로 만들어도 좋습니다.

 조사한 직업에 대해 새로 알게 된 내용을 아이와 이야기해보세요. 그리고 알게 된 내용을 오래 기억하도록 되새겨 보라고 말해주세요.

{ PLUS TIP } 아이가 흥미로워하는 직업 종사자를 찾아가는 견학 활동을 계획해봅니다. 예를 들어 소방관을 좋아하는 아이라면, 체험장을 운영하는 소방서에 찾아가 소방서와 근무 장비 등등을 직접 구경하게 해주세요. 사진도 많이 찍어서 아이가 견학했던 내용을 책으로 만들어본다면 더욱 좋습니다.

34 언어지능을 자극하는 역할 놀이하기

아이로 하여금 직업의 세계와 해당 직업 종사자들을 생각해보도록 하는 지능 활동입니다. 아이는 이 과정을 거치며 가장 관심 있는 직업에 대해 이야기를 해야 하고, 그러는 동안 자연히 언어 능력도 함께 발달하게 됩니다. 선생님들이 아이들은 '말하기와 듣기'를 많이 연습해야 한다고 말합니다. 책 만들기 활동은 아이의 읽고 쓰기 능력을 향상시키는 작업이지요. 이 활동은 아이의 상상력도 자극합니다. 역할 놀이를 하려면 자신이 고른 직업을 맡아서 조사해야 하기 때문이지요. 아이와 함께 조사한 직업을 소개하는 글을 쓰고 사진을 오려 붙이면서 아이는 정보를 취합하는 기술을 익히게 됩니다.

♥ 이렇게 이끌어주세요 ♥

활동 전 여러 가지 직업에 대한 자료 찾기
만들기 만들기 기본 세트, 소방관·경찰·간호사·의사·교사·교통안전 지도원·치과의사 등의 그림이나 사진, 종이, 분장 의상 또는 소품

Coaching Plan

● 안전하게 살기 위해 얼마나 많은 사람들이 서로 돕고 있는지 설명하기 어려울 때

● 활동: 사람을 돕는 직업 찾아보기

● 코칭 분야: 정서지능, 언어지능

 아이에게 우리를 도와주는 직업의 사람들을 모두 생각해보라고 합니다. 아이는 얼마나 많이 생각해낼 수 있나요? 아이가 힘들어하면 그림을 보여주세요. 그리고 각 직업을 나타내는 그림들로 콜라주를 만듭니다.

 아이가 조사할 직업을 고르게 합니다. 함께 인터넷이나 책을 보면서 그 직업들에 대한 정보를 더 많이 찾아보세요. 가능하면 아이가 고른 직업에 맞게 분장할 수 있도록 의상도 준비합니다. 적어도 소방관이 쓰는 호스, 집에서 만든 교통안전 지도원의 표지, 의사의 청진기 등 소품은 준비해주는 것이 좋습니다. 아이에게 장난감 인형들을 늘어놓고 돕는 시늉을 하며 역할 놀이를 하게 해주세요. '의사'는 '병원 침대'에 인형 환자를 눕히고, '교사'는 '교실'에 인형 학생을 넣습니다. 아이가 상상력을 발휘하여 역할을 잘해낼 수 있도록 도와주세요.

 아이에게 역할 놀이에서 무엇을 했는지 말해달라고 합니다. 아이가 고른 직업에 대해 간단한 책을 만들어도 좋지요. 아이에게 사진을 오려 책에 붙이라고 하거나 직접 그림을 그리라고 하세요.

{ PLUS TIP }   아이에게 가족 구성원의 직업에 대해 인터뷰해보라고 합니다. 은퇴한 할아버지, 할머니는 이 인터뷰를 무척 흥미롭게 받아들일 겁니다. 특히 그분들이 과거에는 있었지만 지금은 사라진 직업에 종사하였다면 아주 재미있는 인터뷰가 될 테지요.